T0123476

essentials

essentials liefern aktuelles Wissen in konzentrierter Form. Die Essenz dessen, worauf es als „State-of-the-Art" in der gegenwärtigen Fachdiskussion oder in der Praxis ankommt. *essentials* informieren schnell, unkompliziert und verständlich

- als Einführung in ein aktuelles Thema aus Ihrem Fachgebiet
- als Einstieg in ein für Sie noch unbekanntes Themenfeld
- als Einblick, um zum Thema mitreden zu können

Die Bücher in elektronischer und gedruckter Form bringen das Expertenwissen von Springer-Fachautoren kompakt zur Darstellung. Sie sind besonders für die Nutzung als eBook auf Tablet-PCs, eBook-Readern und Smartphones geeignet. *essentials:* Wissensbausteine aus den Wirtschafts-, Sozial- und Geisteswissenschaften, aus Technik und Naturwissenschaften sowie aus Medizin, Psychologie und Gesundheitsberufen. Von renommierten Autoren aller Springer-Verlagsmarken.

Weitere Bände in der Reihe http://www.springer.com/series/13088

Rüdiger Stegen

Wahrscheinlichkeit – Mathematische Theorie und praktische Bedeutung

Grundlagen der Wahrscheinlichkeitsrechnung hinterfragt

Rüdiger Stegen
Braunschweig, Deutschland

ISSN 2197-6708 ISSN 2197-6716 (electronic)
essentials
ISBN 978-3-658-30929-9 ISBN 978-3-658-30930-5 (eBook)
https://doi.org/10.1007/978-3-658-30930-5

Die Deutsche Nationalbibliothek verzeichnet diese Publikation in der Deutschen Nationalbibliografie; detaillierte bibliografische Daten sind im Internet über http://dnb.d-nb.de abrufbar.

Planung/Lektorat: Iris Ruhmann
Springer Spektrum ist ein Imprint der eingetragenen Gesellschaft Springer Fachmedien Wiesbaden GmbH und ist ein Teil von Springer Nature.
Die Anschrift der Gesellschaft ist: Abraham-Lincoln-Str. 46, 65189 Wiesbaden, Germany

Was Sie in diesem *essential* finden können

- Was der Begriff Wahrscheinlichkeit im praktischen täglichen Leben und in der angewandten Stochastik bedeutet und wie man ihn verallgemeinern kann
- Warum die Kolmogoroffschen Axiome nur in Einzelfällen etwas mit der praktischen Wahrscheinlichkeit zu tun haben
- Warum zwei Ereignisse gleichzeitig stochastisch abhängig und unabhängig voneinander sein können
- Was das Gesetz der großen Zahlen ohne Wahrscheinlichkeiten aussagt
- Was man macht, wenn man für ein Ereignis mehrere Wahrscheinlichkeiten hat

Vorwort

Täglich benutzen oder lesen wir das Wort Wahrscheinlichkeit, aber was bedeutet das eigentlich konkret? Was haben die Wahrscheinlichkeit in der Umgangssprache, in der angewandten Stochastik und in den Kolmogoroffschen Axiomen miteinander zu tun? Wieso streben relative Häufigkeiten bei Versuchsreihen wie von Geisterhand gegen einen bestimmten Wert? Und was macht man, wenn man wie beim Glücksspiel sowohl eine Laplacesche, als auch eine empirische Wahrscheinlichkeit hat?

Solche und weitere grundlegende Fragen der Wahrscheinlichkeitsrechnung sind mir im Mathematikstudium und als Dozent für Statistik immer wieder begegnet und waren die Motivation, sie in diesem essential grundlegend zu untersuchen.

Ich habe im Vorfeld viele Diskussionen geführt und hilfreiche Hinweise erhalten. Mein besonderer Dank gilt dabei Prof. Dr. Martin Kütz und Wolfgang Tschirk.

Das essential ist für alle Teilnehmenden von Stochastikkursen geeignet. Aber auch Lehrende der Stochastik, die es spannend finden, Gewohntes zu hinterfragen, werden wahrscheinlich (!) neue Aspekte finden.

Rüdiger Stegen
ruediger.stegen@t-online.de

Inhaltsverzeichnis

Einleitung 1

Zunächst befassen wir uns mit der Bedeutung der Wahrscheinlichkeit in der Umgangssprache, denn da kommt der Begriff schließlich her. Dabei wird gezeigt, dass die umgangssprachliche, praktische Wahrscheinlichkeit nur ein Sonderfall eines allgemeineren Konzepts ist. Im nächsten Schritt geht es um die Frage, wie man später auf die Idee kam, Wahrscheinlichkeiten bestimmte Zahlen zuzuordnen. Und schließlich stellen wir den Zusammenhang zur abstrakten Definition in den Kolmogoroffschen Axiomen her. Dabei stellt sich heraus, dass dieser Zusammenhang nur in ganz bestimmten Fällen besteht.

Auf dieser Basis wenden wir uns dann konkreten Beispielen zu, die sich durch Urnenmodelle abbilden lassen. Wahrscheinlichkeiten können so durch relative Häufigkeiten und damit durch Abzählen berechnet werden.

Schließlich befassen wir uns mit drei wichtigen Anwendungsbereichen: der bedingten Wahrscheinlichkeit, dem empirischen Gesetz der großen Zahlen und der Frage, was man macht, wenn man wie bei vielen Glücksspielen für ein Ereignis mehrere Wahrscheinlichkeiten hat.

Die mathematischen Methoden können dort, wo sie explizit ausgeführt werden, mit Schulwissen nachvollzogen werden. Alles wird durch praktische Beispiele erläutert, wobei auch auf die üblichen Annahmen wie „idealer Würfel" oder „stabile Versuchsbedingungen" und die damit verbundenen Probleme eingegangen wird.

Mir war besonders wichtig, Gewohntes wie die Kolmogoroffschen Axiome oder Formulierungen wie „Stochastik ist die Mathematik des Zufalls" zu hinterfragen und Grenzen der Interpretation aufzuzeigen. Ich hoffe so zu einem tieferen Verständnis der Stochastik beitragen zu können. Ich würde mich sehr freuen, wenn Sie, liebe Leserinnen und Leser, diesen Weg mit mir gehen wollen.

R. Stegen, *Wahrscheinlichkeit – Mathematische Theorie und praktische Bedeutung,* essentials, https://doi.org/10.1007/978-3-658-30930-5_1

2 Die Bedeutung von Wahrscheinlichkeit

2.1 Die praktische Wahrscheinlichkeit

Täglich lesen oder hören wir, dass etwas wahrscheinlich oder unwahrscheinlich sei. So musste 2017 ein Hamburger Wirt den Namen seiner beiden Bars „Yoko Mono" und „John Lemon" ändern, weil ein Gericht entschieden hatte, dass andere Personen mit hinreichender Wahrscheinlichkeit von einer Verbindung zur Künstlerin Yoko Ono und ihrem ermordeten Ehemann John Lennon ausgehen könnten.

Aber was bedeutet Wahrscheinlichkeit konkret? Dem Mathematiker und Nobelpreisträger Bertrand Russell wird der Satz zugeschrieben:

> Probability is the most important concept in modern science, especially as nobody has the slightest notion what it means

Wenn das so wäre, dann wären große Teile der Stochastik(-bücher) ziemlich sinnlos. Will man das vermeiden, so muss man Wahrscheinlichkeit möglichst klar definieren. Versuchen wir es mal!

Zur Beantwortung der Frage gehen wir von der Bedeutung des Begriffs im täglichen Leben aus und ignorieren dabei zunächst die Stochastik. Das entspricht auch zunächst der Erfahrungswelt der Schüler/innen. Von da aus hangeln wir uns dann Schritt für Schritt zum Sonderfall Stochastik durch.

Betrachten wir also zunächst die Verwendung des Begriffs in der Praxis. Statt „die Wahrscheinlichkeit ist hoch" sagt man auch „es ist wahrscheinlich", „ich bin überzeugt", „ich glaube", „ich habe wenig Zweifel" oder „vieles deutet darauf hin". Besonders die letzte Formulierung legt nahe, was man genau meint, wenn man z. B. sagt „die Wahrscheinlichkeit, dass ich gestern die Stochastikklausur

R. Stegen, *Wahrscheinlichkeit – Mathematische Theorie und praktische Bedeutung*, essentials, https://doi.org/10.1007/978-3-658-30930-5_2

bestanden habe, ist hoch“. Nämlich, dass man gewichtige Argumente für und eher schwache Argumente gegen die Wahrheit der Aussage hat. Dabei können die Argumente durchaus auch auf Gefühlen oder Intuitionen beruhen. Im Englischen beschreibt man daher die Wahrscheinlichkeit auch als **degree of belief,** was kurz und knackig ausdrückt, wie sehr man an die Wahrheit einer Aussage glaubt. Dass das individuell recht unterschiedlich sein kann, sieht man gerade auch bei Expertendiskussionen.

Zu einer ähnlichen Interpretation kommt man, wenn man das Wort Wahr-schein-lichkeit in seine Bestandteile zerlegt, denn so ist es schließlich entstanden. Die Wahrscheinlichkeit drückt demnach den **Schein** der **Wahr**heit aus, aber natürlich redet niemand so geschwollen daher und sagt: „Der Schein der Wahrheit der Aussage XY ist hoch“ (sondern eher: „Anscheinend stimmt XY“). Bei dieser Betrachtung ist Wahrscheinlichkeit ein philosophisch-psychologischer Begriff, denn bei „wahr“ geht es um Philosophie, bei „Schein“ um unsere Wahrnehmung, also um Psychologie. Wer tiefer in diese Thematik einsteigen will, kann z. B. in dem Bestseller des Psychologieprofessors und Nobelpreisträgers Daniel Kahneman (2012) ausführlich nachlesen, wie Wahrscheinlichkeitsbewertungen aus psychologischer Sicht ablaufen und welche Effekte dabei zu Verzerrungen und Illusionen führen können.

Dass Zufall, Experimente, Ereignisse oder Prognosen bei Wahrscheinlichkeiten im Allgemeinen keine Rolle spielen, sieht man auch an den zeitlosen Feststellungen: „Die Wahrscheinlichkeit ist hoch, dass im Zentrum der Milchstraße ein schwarzes Loch ist“ oder „Die Wahrscheinlichkeit ist gering, dass die Erde eine Scheibe ist“. Noch deutlicher wird das bei Vermutungen in der Mathematik wie: „Die Wahrscheinlichkeit, dass jede gerade Zahl größer als 2 als Summe zweier Primzahlen darstellbar ist (die Goldbachsche Vermutung), ist hoch“. Auch hier geht es nur darum, wie sehr man von etwas überzeugt ist oder an etwas glaubt.

Für Stochastik-beeinflusste Mathematiker wie mich ist also wichtig:

- Wahrscheinlichkeiten haben im Allgemeinen nichts mit Zufall, Experimenten, Ereignissen oder Prognosen zu tun.

Bislang haben wir den Begriff Wahrscheinlichkeit nur mit Adjektiven wie „hoch, groß“ oder „gering, klein“ grob quantifiziert, so wie man es täglich auch bei anderen Begriffen wie Leistung, Glück oder Hunger macht. Nun ist es heutzutage üblich geworden, alles und jedes zur besseren Differenzierung mit zum Teil sehr exakt erscheinenden Zahlen (Indices) zu bewerten. So war 2019 Finnland mit einem World Happiness Index von 7,769 die glücklichste und Island mit einem Global Peace Index von 1,072 die friedlichste Nation.

Tab. 2.1 Bewertungen

Objekt	Eigenschaft	Bewertungsgröße
Schüler/in	Leistung	Note
Mitarbeiter/in	Zielerreichung	%
Mensch	Intelligenz	IQ
Nation	Friedlichkeit	Global Peace Index; Wert aus [1; 5]
Nation	Glücklichkeit	World Happiness Index; Wert aus [0; 10]
Mozzarella	Qualität	Note
Skisprung	Leistung	Punkte
Wanderweg	Wandererlebnis	Erlebnispunktzahl aus [0; 100]
Aussage	Schein der Wahrheit	Wahrscheinlichkeit; Wert aus [0; 1]

Schauen wir uns dazu beispielhaft ein paar Objekte an, die bezüglich einer bestimmten Eigenschaft bewertet werden ([a; b] sind alle Zahlen zwischen a und b einschließlich der Grenzen; und warum Wahrscheinlichkeiten zwischen 0 und 1 liegen, werden wir noch sehen).

Das Problem bei solchen zahlenmäßigen Bewertungen ist, dass sie eine höhere Genauigkeit und Objektivität suggerieren, als sie tatsächlich haben (siehe auch z. B. Tetlock und Gardner 2016, S. 67).

Das Mozzarellabeispiel aus Tab. 2.1 sehen wir uns jetzt mal näher an, da es uns bis zum Ende des essentials begleiten wird.

Beispiel

Im Heft „test" der Stiftung Warentest vom Mai 2016 wurde Büffelmozzarella getestet. Die Kriterien, ihre Gewichtungen und die Noten des Siegers waren:

Tab. 2.2 Test Büffelmozzarella

Kriterium	Gewichtung (%)	Note
Sensorische Beurteilung	50	2,0
Schadstoffe	20	1,0
Mikrobiologische Qualität	5	2,7
Verpackung	10	2,0
Deklaration	15	2,5

Daraus ergab sich als Qualitätsurteil für den Sieger:

$$0{,}50 \cdot 2{,}0 + 0{,}20 \cdot 1{,}0 + 0{,}05 \cdot 2{,}7 + 0{,}10 \cdot 2{,}0 + 0{,}15 \cdot 2{,}5 = 1{,}91$$

also gerundet: 1,9. ◀

Bei solchen Bewertungen erinnern die Zuordnungen von Zahlen zwar irgendwie auch an Messungen, aber tatsächlich sind das zwei Paar Schuhe. Eine Messung ist laut DIN 1319-1 (1995, Nr. 2.1) das „Ausführen von geplanten Tätigkeiten zum quantitativen Vergleich der Messgröße mit einer Einheit", was auf Deutsch heißt: Man zählt auf der Basis von Maßeinheiten wie cm, sec oder kg oder nimmt schlicht eine Anzahl ohne Maßeinheit. Messungen sind im Rahmen der Messgenauigkeit objektiv. Die zugehörigen Verfahren werden in der Regel über internationale Normen festgelegt und durch Messgeräte unterstützt. Das alles hat man bei Bewertungen nicht.

Wenn man also die Wahrscheinlichkeit einer Aussage messen wollte, müsste man z. B. mit einem EEG Hirnströme messen, wenn die Person gerade an diese Aussage denkt, um daraus den Grad der Überzeugung abzuleiten. Das ist ein ziemlich abstruser Gedanke und glücklicherweise funktioniert das auch (noch) nicht. Aber wenn man Wahrscheinlichkeiten schon nicht messen kann, kann man sie zumindest wie bei der Glücklichkeit von Nationen oder der Qualität von Büffelmozzarella mit Zahlen bewerten?

Ja, man kann! So werden zum Beispiel bei British Airlines Kunden gefragt, mit welcher Wahrscheinlichkeit sie die Airline weiterempfehlen werden, wobei die ganzen Zahlen von 0 („überhaupt nicht wahrscheinlich") bis 10 („äußerst wahrscheinlich") zur Auswahl stehen. Im Regelfall verwendet man aber für Wahrscheinlichkeiten Zahlen zwischen 0 und 1 – und das aus gutem Grund, wie wir bald sehen werden.

Tipp

Kleiner Einschub für alle, die jetzt gerade an ihre nächste Stochastikklausur denken.

Wenn Wahrscheinlichkeit der Grad der Überzeugung ist, dann könnte man in Klausuren bei Wahrscheinlichkeitsaufgaben als Lösung einfach irgendeine Zahl zwischen 0 und 1 hinschreiben und das als den ganz persönlichen Grad der Überzeugung deklarieren, also volle Punktzahl bitte. Aber zu früh gefreut! Denn wie bei anderen Bewertungen auch beruht die Wahrscheinlichkeit auf objektiven und subjektiven Aspekten. Bei der Stochastik in der Schule und in den Einführungskursen an der Universität beschränkt man sich aber auf den objektiven Teil, indem man subjektive Elemente durch Annahmen wie „idealer Würfel" eliminiert. Man muss also doch für die Klausur pauken, sorry!

Nach dieser ernüchternden Feststellung kehren wir zurück zu Wahrscheinlichkeitsbewertungen und schauen uns einige Beispiele an.

Beispiel

In der Braunschweiger Zeitung vom 22. Mai 2015 wurden vor dem letzten Spieltag der Fußballsaison die Abstiegswahrscheinlichkeiten (dort Abstiegsrisiko genannt) von Mannschaften der ersten Liga angegeben und kurz begründet. Tatsächlich stieg dann der SC Freiburg (Abstiegsrisiko 30 %) ab, während der Hamburger SV (Abstiegsrisiko 80 %) in der ersten Bundesliga blieb. Auch wenn es nicht explizit in dem Artikel stand, aber als Wahrscheinlichkeiten wurden Zahlen zwischen 0 % (Verbleib ist sicher) und 100 % (Abstieg ist sicher) gewählt. Offenbar entsprachen die Begründungen oder ihre Gewichtungen nicht ganz der Realität, aber hinterher ist man bekanntlich immer schlauer.

Auch die präzisen Wahrscheinlichkeiten des Brexits, die kurz vor dem Referendum am 23. Juni 2016 auf Basis von Wettquoten der Buchmacher veröffentlicht wurden, waren eindeutig: Der Brexit wird mehrheitlich abgelehnt. Wie wir wissen, kam es anders.

Eine höhere Aussagekraft hat dagegen das sogenannte Kredit-Scoring der Schutzgemeinschaft für allgemeine Kreditsicherung, kurz SCHUFA. Dabei geht es um die Wahrscheinlichkeit, dass ein Kunde seinen Zahlungsverpflichtungen nachkommt[1]. Leider werden die Einflussgrößen und das genaue Bewertungsverfahren von der SCHUFA nicht veröffentlicht, da es Grundlage ihres Geschäftsmodells ist – die Geheimnistuerei ist also verständlich.

Und schließlich beschreiben Tetlock und Gardner (2016), wie man Prognosen mit konkreten Wahrscheinlichkeiten zu politischen, wirtschaftlichen oder persönlichen Fragen erstellen kann. ◄

Wir fassen jetzt zusammen, was Wahrscheinlichkeit im praktischen Sinne bedeutet. In Abschn. 2.3 folgt dann als Gegenpol die axiomatische Wahrscheinlichkeit.

[1]https://www.schufa.de/daten-scoring/scoring/scoring/. Zugegriffen: 3. Mai 2020.

Die praktische Wahrscheinlichkeit

Eine (praktische) Wahrscheinlichkeit bezieht sich auf eine Aussage und drückt aus, wie sehr die bewertende Person von der Wahrheit der Aussage überzeugt ist oder daran glaubt. Wahrscheinlichkeit ist eine Bewertung und keine Messung. Wahrscheinlichkeiten haben im Allgemeinen nichts mit Zufall, Ereignissen, Experimenten oder Prognosen zu tun. Eine hohe Wahrscheinlichkeit drückt aus, dass es starke Gründe für und schwache Gründe gegen die Wahrheit der Aussage gibt, wobei die Gründe auch Gefühle oder Intuitionen sein können. Wie bei Bewertungen sollte man auch bei jeder Wahrscheinlichkeit konkret beschreiben, wie sie bestimmt wurde, damit das Ergebnis nachvollzogen werden kann. Der Gegenpol ist der Zweifel: Eine hohe Wahrscheinlichkeit korrespondiert mit geringen Zweifeln, eine geringe Wahrscheinlichkeit mit großen Zweifeln. Da Wahrscheinlichkeiten von der bewertenden Person abhängen, gibt es im Allgemeinen keine „zugrunde liegende", „innewohnende", „objektive" oder „tatsächliche" Wahrscheinlichkeit. ◀

Die letzte Feststellung hat de Finetti (1981, Vorwort, Seite X) ziemlich drastisch ausgedrückt, indem er den Glauben an eine objektive Wahrscheinlichkeit mit dem Glauben an Feen, Hexen oder kosmischem Äther verglich. Der Begriff „subjektive Wahrscheinlichkeit" wäre demnach eine Tautologie, weil jede praktische Wahrscheinlichkeit subjektiv ist.

2.2 Die Wahrscheinlichkeit in der angewandten Stochastik

Um jetzt langsam die Kurve zur Stochastik zu kriegen, gehen wir in der Historie zurück. Wahrscheinlichkeit war zunächst nur ein umgangssprachlicher Begriff, den es bereits gab, bevor man ihn mit Zahlen in Verbindung brachte. Der Begriff stammt also nicht aus der Stochastik. Daher war auch die Bedeutung in der Alltagssprache der Ausgangspunkt unserer Betrachtung. Die Idee, Zahlen zuzuordnen, kam vermutlich erst in der zweiten Hälfte des 17. Jahrhunderts durch die französischen Mathematiker Blaise Pascal und Pierre de Fermat auf. Ihr Ziel war es, genaue Wahrscheinlichkeiten beim Glücksspiel anzugeben, um daraus Gewinnchancen abzuleiten.

Diese Anfänge waren relativ einfach gestrickt, weil es letztlich nur um das Abzählen von Fällen ging, also kein Vergleich zur Komplexität einer Schufaauskunft. Nehmen wir zum Beispiel das einmalige Würfeln mit einem

Würfel und die Wahrscheinlichkeit für die Aussage „ich werde im nächsten Wurf eine 3 würfeln, sofern mir ein gültiger Wurf gelingt“. Dann gibt es genau einen Grund, der für die Wahrheit der Aussage spricht (nämlich die Möglichkeit, dass ich eine 3 würfle) und genau fünf Gründe, die dagegen sprechen (nämlich die Möglichkeit, dass ich eine 1, 2, 4, 5 oder 6 würfle). Um diese Gründe gewichten zu können, nehmen wir der Einfachheit halber an, dass der Würfel symmetrisch aussieht. Auch die Umgebungsbedingungen sollen normal sein, d. h., wir würfeln nicht in einer Sandkiste, in der Badewanne oder über einer heißen Herdplatte und auch nicht im Weltraum wie der Astronaut Reid Wiseman[2]. Und wenn man auch sonst keine komischen Sachen macht, dann ist es plausibel, alle sechs Gründe gleich zu gewichten. So wird aus der umständlichen Formulierung „Ich bin in geringem Maße davon überzeugt, dass ich eine 3 würfeln werde, denn nur einer von sechs Gründen spricht dafür und alle diese Gründe haben für mich dieselbe Gewichtung, weil nämlich alles normal aussieht und ich keine Sperenzien mache; und daher ist der Grad meiner Überzeugung gleich $\frac{1}{6}$“ kurz: „Die Wahrscheinlichkeit, dass ich eine 3 würfeln werde, ist $\frac{1}{6}$“.

Natürlich hätte man auch ein Beispiel aus der Vergangenheit nehmen können, wie: „Die Wahrscheinlichkeit, dass das Ergebnis meines ersten Würfelns als Kind keine 3 war, ist $\frac{5}{6}$“. Wahrscheinlichkeiten haben also auch in der Stochastik im Allgemeinen nichts mit Zukunft zu tun.

Der Haken bei dieser Methode ist, dass man in der Praxis nicht wirklich weiß, ob alles „normal“ ist. Es lohnt sich sehr, im Internet mit „gezinkter Würfel“ oder „Würfel zinken“ zu suchen. Man findet dann z. B. Würfel, die äußerlich normal aussehen, aber trotzdem beim Würfeln eine bestimmte Augenzahl bevorzugt zeigen (freundlich „Schwerpunktwürfel“ genannt) oder Anleitungen, wie man einen normalen Würfel in einem Backofen erhitzen kann, um den Schwerpunkt zu verlagern.

Und selbst beim Lotto muss trotz notarieller Überprüfung nicht alles planmäßig laufen, wie die Ziehung vom 3. April 2013 zeigt, bei der erst nachträglich festgestellt wurde, dass zwei Kugeln in der Maschine hängengeblieben waren[3]. Die üblichen idealisierenden Annahmen sind also in der Praxis selbst beim Würfeln und beim Lotto mit Unsicherheiten verbunden.

Wo wir gerade beim Würfeln sind. Um sicherzustellen, dass keine Augenzahl bevorzugt wird, muss nicht nur der Würfel ideal sein, sondern der ganze Würfel-

[2]https://twitter.com/astro_reid/status/473099033125208064. Zugegriffen: 3. Mai 2020.

[3]https://www.youtube.com/watch?v=7p_HVNN-I7I. Zugegriffen: 3. Mai 2020.

prozess. Mit etwas Übung kann man mit einem idealen Würfel am Strand oder mit einer klebrigen Unterlage bestimmte Augenzahlen bevorzugt würfeln. Oder man legt einfach den Würfel so hin, dass die gewünschte Zahl oben liegt.

▶ Statt „idealer Würfel" muss es „ideales Würfeln" heißen.

Und wie ist es in klar asymmetrischen Fällen wie bei der Reißzwecke?

Beispiel

Wenn man eine Reißzwecke wirft, kann man Symmetriebetrachtungen wie beim normalen Würfel vergessen. Auf einer harten waagerechten Unterlage gibt es beim Werfen einer Reißzwecke zwei mögliche Ergebnisse: entweder bleibt sie mit der Spitze nach oben oder mit der Spitze schräg nach unten liegen. Natürlich kann niemand daran gehindert werden, auch hier wieder ähnlich zum Würfeln vorzugehen und die Wahrscheinlichkeiten für diese beiden Möglichkeiten mit jeweils 50 % zu bewerten. Solang man auf dieser Basis keine Entscheidungen fällt oder Wetten abschließt, bleibt der mögliche Schaden überschaubar. Schlauer ist es aber, Erfahrungen zu sammeln und probeweise 100 Mal die Reißzwecke zu werfen. Und siehe da: Die Erfahrung zeigt, dass die beiden Ergebnisse deutlich unterschiedlich oft vorkommen. Nehmen wir an, dass „Spitze oben" in 40 Fällen und „Spitze unten" in 60 Fällen vorgekommen ist. Da man aus Erfahrung lernen sollte, folgt aus der Versuchsreihe, dass die Überzeugung, dass beim nächsten (also dem 101.) Wurf „Spitze unten" kommen wird, etwas größer ist, als dass „Spitze oben" kommen wird. Das kann man dann mit den Erfahrungswerten präzisieren und sagen: Der Grad meiner Überzeugung ist 60 %, dass beim nächsten Wurf „Spitze unten" als Ergebnis kommen wird, oder kurz: Die Wahrscheinlichkeit für „Spitze unten" beim nächsten Wurf ist 60 %. ◀

Bei Wahrscheinlichkeiten aus Erfahrung muss man allerdings berücksichtigen, dass weitere Erfahrungen die Wahrscheinlichkeit ändern. So sind die Wahrscheinlichkeiten aus Erfahrung nach dem 101. Wurf einer Reißzwecke zwangsläufig andere, als nach dem 100. Wurf und das setzt sich immer weiter so fort.

Schauen wir uns noch einen Klassiker an, nämlich den Münzwurf. Geometrisch betrachtet ist eine ideale Münze ein Zylinder, hat also drei

Seitenflächen: Wappen, Zahl und Rand. Kippt man eine Handvoll Münzen auf eine waagerechte feste Unterlage, so sieht man gelegentlich, dass eine Münze wegrollt und vielleicht sogar auf dem Rand stehen bleibt (empfehlenswert: die britische One Pound-Münze). Dass dieser Fall auch sonst eintreten kann, wurde am 24. März 1965 beim legendären Münzwurf von Rotterdam deutlich, als es darum ging, ob der 1. FC Köln oder der FC Liverpool ins Halbfinale des Europapokals der Landesmeister einziehen darf[4].

Es gibt beim Wurf einer idealen Münze also drei mögliche Ergebnisse.

Nun haben aber auch Überzeugungen, die aus Erfahrung entstehen, ihre Tücken, weil man (also vor allem ältere Menschen mit Ausnahme von mir) dann dazu neigt, zu sagen: „Das ist schon immer so gewesen, also wird es auch weiterhin so sein“. Nicht erst seit der Coronakrise wissen wir, dass sich das, was schon immer so war, grundlegend und schnell ändern kann. Diesen Effekt nennt man auch treffend „Truthahn-Illusion“, denn der Truthahn wird immer gut gefüttert, bis er dann – für ihn überraschend – an Thanksgiving plötzlich geschlachtet wird. Schon die alten Griechen wussten „alles fließt“ und „das einzig Beständige ist der Wandel“ und das gilt auch für Wahrscheinlichkeiten.

Wir haben jetzt zwei Wege zur Berechnung einer Wahrscheinlichkeit in der angewandten Stochastik kennengelernt:

- Zum einen durch die theoretische Analyse der Versuchsbedingungen. Im Idealfall gibt es keinen Grund anzunehmen, dass gewisse mögliche Ergebnisse bevorzugt auftreten, sodass es plausibel ist, alle gleich zu gewichten. Das ist z. B. beim idealen Würfeln, Lotto, Roulette oder Kartenspiel der Fall. Die so gebildete relative Häufigkeit ergibt die **klassische oder Laplacesche Wahrscheinlichkeit** und berechnet sich aus $\frac{\text{Anzahl der günstigen möglichen Fälle}}{\text{Anzahl der möglichen Fälle}}$.
- Zum anderen durch die Analyse einer konkreten Versuchsreihe. Im Idealfall gibt es keinen Grund, das Ergebnis eines Versuchs gegenüber dem Ergebnis eines anderen Versuches zu bevorzugen. Das ist z. B. beim mehrfachen Wurf eines Würfels oder einer Reißzwecke der Fall. Die so gebildete relative Häufigkeit ergibt die **empirische oder statistische Wahrscheinlichkeit** und berechnet sich aus $\frac{\text{Anzahl der günstigen tatsächlichen Fälle}}{\text{Anzahl der tatsächlichen Fälle}}$.

In beiden Fällen gilt: „günstig“ bedeutet, dass eine bestimmte Bedingung erfüllt ist. Im Idealfall berechnet man zunächst eine relative Häufigkeit, die man dann als Wahrscheinlichkeit interpretieren kann. Der erste Schritt ist Mathematik, der

[4]https://www.youtube.com/watch?v=hHUKWADRmrk. Zugegriffen: 3. Mai 2020.

zweite nicht. Im ersten Schritt ist belanglos, ob Zufall im Spiel war oder nicht, erst im zweiten Schritt spielen Zufall und bestimmte Annahmen eine Rolle. Liegt der Idealfall nicht vor, so muss man sich etwas anderes überlegen (siehe z. B. Wurf eines Quaders in Abschn. 3.1).

Aber was war noch mal **relative Häufigkeit?** In Schulbüchern (aber auch z. B. bei Gabler[5]) findet man sinngemäß: Hat man eine Menge von n Elementen, von denen k eine bestimmte Eigenschaft haben, so ist die absolute Häufigkeit dieser Eigenschaft gleich k und die relative Häufigkeit gleich $\frac{k}{n}$.

Beispiel

Auf einem Parkplatz seien 20 Autos, von denen 4 rot und 3 Cabrios sind.

Als Nebenfach-Informatiker erstelle ich dann eine Datei mit 20 Datensätzen und der Datenstruktur (Kennzeichen, Farbe, Typ); „Kennzeichen" ist der Schlüssel, „Farbe" und „Typ" sind die Attribute. Als Mathematiker leite ich daraus z. B. folgende Mengen ab (aus Datenschutzgründen wird das Kennzeichen durch Kxx anonymisiert):

$$A = \{(\text{K01}, \text{rot}, \text{Cabrio}), (\text{K02}, \text{schwarz}, \text{Cabrio}), \ldots, (\text{K04}, \text{rot}, \text{Limousine}), \ldots,$$
$$(\text{K12}, \text{rot}, \text{Kombi}), (\text{K13}, \text{rot}, \text{Kombi}), \ldots, (\text{K20}, \text{blau}, \text{Cabrio})\}$$

ist die Menge der 20 Autos,

$$R = \{(\text{K01}, \text{rot}, \text{Cabrio}), (\text{K04}, \text{rot}, \text{Limousine}), (\text{K12}, \text{rot}, \text{Kombi}), (\text{K13}, \text{rot}, \text{Kombi})\},$$

$$C = \{(\text{K01}, \text{rot}, \text{Cabrio}), (\text{K02}, \text{schwarz}, \text{Cabrio}), (\text{K20}, \text{blau}, \text{Cabrio})\}$$

sind die Teilmengen der roten Autos bzw. Cabrios und

$$h(R) = \frac{\text{Anzahl Elemente von R}}{\text{Anzahl Elemente von A}} = \frac{4}{20} = 20\,\%$$

$$h(C) = \frac{\text{Anzahl Elemente von C}}{\text{Anzahl Elemente von A}} = \frac{3}{20} = 15\,\%$$

sind die relativen Häufigkeiten der roten Autos bzw. der Cabrios. ◀

Wenn man eine absolute Häufigkeit hat, dann kann es schwierig sein, eine relative Häufigkeit zu bilden. Wenn z. B. ein Redner in seinem Vortrag 42 Mal

[5] https://wirtschaftslexikon.gabler.de/definition/haeufigkeit-33187. Zugegriffen: 3. Mai 2020.

„Äh" gesagt hat, dann ist das eine absolute Häufigkeit, aber eine sinnvolle relative Häufigkeit drängt sich mir nicht auf.

Offenbar haben auch Häufigkeiten im Allgemeinen nichts mit Zufall oder Experimenten zu tun. Ferner folgt aus der Definition, dass relative Häufigkeiten immer zwischen 0 und 1 liegen, und somit ist es **sinnvoll, dass auch Wahrscheinlichkeiten zwischen 0 und 1 liegen** – jeweils einschließlich der Grenzen.

Weil die beiden Wege zur Berechnung einer Wahrscheinlichkeit so ähnlich sind, lassen sie sich mit demselben Modell abbilden. Dafür wählen wir das sogenannte Urnenmodell.

Für den Fall der theoretischen Analyse nehmen wir das Würfelbeispiel.

Beispiel

Statt zu würfeln kann man auch sechs durchnummerierte Kugeln in eine Urne packen und dann eine Kugel ziehen. Die Menge der möglichen Ergebnisse ist in beiden Fällen

$$E = \{1, 2, 3, 4, 5, 6\}$$

und die relative Häufigkeit jeder Zahl in dieser Menge ist $\frac{1}{6}$. Unter der Annahme, dass beim Ziehen keine Kugel bevorzugt wird, ist dann die Wahrscheinlichkeit für ein bestimmtes Ergebnis auch gleich $\frac{1}{6}$. ◀

Für den Fall der Analyse einer Versuchsreihe nehmen wir den häufigen Wurf einer Reißzwecke.

Beispiel

Wurde in 60 % aller Fälle „Spitze unten" und sonst „Spitze oben" geworfen, so kann man einfach drei Kugeln, die mit u1, u2, u3 (u für „Spitze unten") und zwei Kugeln, die mit o1 und o2 (o für „Spitze oben") beschriftet sind, in eine Urne legen. Sowohl beim Wurf der Reißzwecke, als auch bei der Auswahl aus der Urne ist damit unter der Annahme, dass kein Ergebnis bevorzugt wird, die Wahrscheinlichkeit für „Spitze unten" bzw. „u" gleich 60 %, die beiden Modelle sind also gleichwertig. ◀

Dieses Beispiel zeigt:

- Mit dem Urnenmodell kann man eine statistische Wahrscheinlichkeit auf eine klassische Wahrscheinlichkeit zurückführen, indem man Kugeln mit den Ergebnissen der Versuchsreihe beschriftet.

Aber auch das Urnenmodell hat in der Praxis seine Tücken. Angeblich soll es bei Auslosungen der Fifa vorgekommen sein, dass die Kugeln unterschiedlich vorgewärmt waren, um ein bestimmtes Ergebnis zu erzielen. Das berichtete jedenfalls die Süddeutsche Zeitung vom 14. Juni 2016 aufgrund eines Interviews mit dem Ex-Fifa-Präsidenten Sepp Blatter[6].

Das Urnenmodell ist also zumindest dann zur Berechnung einer Wahrscheinlichkeit anwendbar, wenn es um relative Häufigkeiten aufgrund einer theoretischen Analyse oder aufgrund von Erfahrungen aus einer Versuchsreihe geht. Der Vorteil des Urnenmodells ist, dass einfach nur abgezählt werden muss, also ein eher einfacher Vorgang ohne viel theoretischen Schnickschnack.

Nun kann es beim Spiel „Mensch ärgere dich nicht“ wichtig sein, eine 3 oder eine 5 zu würfeln, um ins Haus zu kommen. Eine **Menge von Ergebnissen** bezeichnet man in der Stochastik als **Ereignis,** also in unserem Beispiel $\{3, 5\}$. Und wenn dann tatsächlich eines dieser Ergebnisse gewürfelt wurde, sagt man auch, dass das Ereignis $\{3, 5\}$ eingetreten ist. Zur Vereinfachung wird aus der umständlichen Formulierung „die Wahrscheinlichkeit, dass das Ereignis $\{3, 5\}$ eingetreten ist/eintritt/eintreten wird“ kurz $P(\{3, 5\})$, wobei P die Abkürzung für das lateinische Wort probabilitas, also Wahrscheinlichkeit, ist. Ein Ereignis, das aus nur einem Ergebnis besteht, also z. B. $\{3\}$ oder $\{5\}$, heißt **Elementarereignis.** Würde man Ergebnisse (das sind keine Mengen) als Elementarereignisse bezeichnen, dann hätte man das sprachliche Problem, dass Elementarereignisse keine Ereignisse (das sind Mengen) mehr wären. Daher wird die etwas unsaubere Formulierung „die Wahrscheinlichkeit, dass das Ergebnis 3 auftritt“ abgekürzt zu $P(\{3\})$ und nicht $P(3)$.

Nun tritt aber etwas Kurioses auf. Beim Würfeln kann man bei jedem der 6 möglichen Ergebnisse entscheiden, ob man es in die Ergebnismenge aufnehmen will oder nicht. Das macht 6 unabhängige Entscheidungen ja/nein und damit insgesamt $2 \cdot 2 \cdot 2 \cdot 2 \cdot 2 \cdot 2 = 64$ mögliche Ereignisse. Entscheidet man z. B. bei 1, 2, 4 „nein“ und bei 3, 5, 6 „ja“, so erhält man das Ereignis $\{3, 5, 6\}$. Und weil genau 32 der 64 möglichen Ereignisse die „3“ enthalten, sagt der Stochastiker, wenn tatsächlich eine „3“ gewürfelt wurde: „Jetzt sind 32 Ereignisse gleichzeitig eingetreten“ – und das beim einmaligen Wurf mit einem Würfel!

Um eine solide Grundlage für die folgenden Kapitel zu haben, fassen wir zusammen.

[6] https://www.sueddeutsche.de/sport/fifa-blatter-so-wird-bei-auslosungen-manipuliert-1.3032493. Zugegriffen: 3. Mai 2020.

Wahrscheinlichkeit in der angewandten Stochastik

In der angewandten Stochastik beziehen sich die Aussagen, von denen Wahrscheinlichkeiten bestimmt werden sollen, auf Ergebnisse bei Prozessen. Diese Prozesse können in der Vergangenheit, Gegenwart oder Zukunft liegen. Ein Ereignis ist eine Zusammenfassung mehrerer Ergebnisse zu einer Menge. Anstelle der umständlichen Formulierung „die Wahrscheinlichkeit, dass die Aussage „das Ereignis A tritt ein", wahr ist" sagt man kurz „die Wahrscheinlichkeit von A" und schreibt dafür P(A). Als Modell kann man eine Urne nehmen und analysieren, welche Eigenschaften daraus entnommene Kugeln haben. Dabei werden relative Häufigkeiten berechnet, die dann unter bestimmten in der Praxis schwer überprüfbaren Annahmen als Wahrscheinlichkeiten interpretiert werden können. Der erste Schritt ist Mathematik, der zweite nicht. Erst im zweiten Schritt ist der Zufall von Bedeutung.

Beim Urnenmodell sind relative Häufigkeit und Wahrscheinlichkeit zahlenmäßig gleich. ◄

Bevor wir das in Beispielen weiter konkretisieren, wenden wir uns zunächst der mathematischen Beschreibung der Wahrscheinlichkeit durch die Kolmogoroffschen Axiome zu.

2.3 Die Kolmogoroffschen Axiome

Als Vorbereitung schauen wir uns erstmal die wichtigsten Regeln für relative Anteile, wie relative Häufigkeiten oder Anteile von Flächen, Zeiten oder Blaubeermengen, an.

Zunächst ist jeder relative Anteil nicht negativ.

Ferner ist der relative Anteil des Ganzen gleich 100 %, denn z. B. sind 42€ von 42€ ein Anteil von 100 %. Auch das ist nicht sehr tiefsinnig.

Um darüber hinaus eine Rechenregel abzuleiten, betrachten wir folgendes Beispiel. Legt man zwei Stück Dachpappe nebeneinander und deckt jedes Stück 5 % der Gesamtfläche ab, so decken die beiden zusammen 10 % der Gesamtfläche ab. Verlegt man die Teile aber überlappend, so ist der Anteil der überdeckten Fläche kleiner als die Summe der einzelnen Anteile. Man kann also nur dann die relativen Anteile einfach addieren, wenn sich die betreffenden Objekte nicht überlappen, wenn also nichts doppelt gezählt wird.

Nun kann man relative Anteile auf relative Häufigkeiten zurückführen. Zeichnet man z. B. auf das Dach und die Dachpappe ein Muster wie bei Karopapier, so kann man auch die Karos zählen und erhält dieselben Prozentzahlen wie bei den Flächenanteilen. Die folgenden Regeln werden daher nur für Mengen und relative Häufigkeiten formuliert.

Regeln
Ist E eine die endliche Menge (Grundgesamtheit), so gilt für die relative Häufigkeit h:

1. $h(A) \geq 0$ für beliebige Teilmengen A von E
2. $h(E) = 1$
3. $h(A \cup B) = h(A) + h(B)$, wobei A und B beliebige disjunkte Teilmengen von E sind;

Regel 3 heißt „Additivität“.

Hinweis: „disjunkt“ bedeutet, dass sich die Mengen nicht überlappen: $A \cap B = \emptyset$

Es gibt aber auch Fälle, in denen die Additivität nicht gilt, weil sich die Objekte gegenseitig beeinflussen ohne sich zu überlappen. Vermischt man z. B. Wasser und Alkohol, so hat das Gemisch aufgrund der sogenannten Volumenkontraktion ein geringeres Volumen als die Summe der einzelnen Volumina. Das gilt dann auch für die entsprechenden relativen Anteile. Ganz ähnlich ist das auch bei Preisen, wenn man Mengenrabatt berücksichtigt („Kauf 3, bezahl 2“).

Da die Wahrscheinlichkeit in allen bisherigen Stochastik-Beispielen durch eine relative Häufigkeit quantifiziert wurde, gelten die Rechenregeln auch für diese Wahrscheinlichkeiten. Kolmogoroff (1933, S. 1–2) hat nun den Spieß einfach umgedreht, indem er festlegte: Wenn etwas die drei Regeln erfüllt, dann nennt man es „Wahrscheinlichkeit“. Das wäre so, also würde man sagen: Alle Schimmel haben weiße Haare, also drehe ich den Spieß um und bezeichne alle Lebewesen, die weiße Haare haben, als Schimmel (also mich zum Beispiel).

Die **Kolmogoroffsche Definition** lautet in einer vereinfachten Version:

E sei eine endliche Menge und P sei eine Abbildung, die jeder Teilmenge (genannt „Ereignis“) von E eine reelle Zahl zuordnet. P heißt Wahrscheinlichkeit, wenn gilt:

1. $P(A) \geq 0$ für beliebige Teilmengen A von E
2. $P(E) = 1$
3. $P(A \cup B) = P(A) + P(B)$, wobei A und B beliebige disjunkte Teilmengen von E sind.

Die drei Regeln heißen auch „Axiome".

Diese Wahrscheinlichkeit wird auch **axiomatische Wahrscheinlichkeit** genannt.

Relative Häufigkeiten erfüllen die Axiome, sind also (axiomatische) Wahrscheinlichkeiten. Im Gegensatz dazu sind relative Häufigkeiten aber keine Beispiele für praktische Wahrscheinlichkeiten, sondern nur Hilfsmittel, um sie mit Zahlen auszudrücken.

Durch die Axiome wird Wahrscheinlichkeit ohne einen konkreten Anwendungsbezug definiert. Kolmogoroff hat die Axiome allgemeiner auch für unendliche Mengen formuliert und dabei Erkenntnisse der Maßtheorie, einem Teilgebiet der Mathematik, berücksichtigt. Für uns reicht aber die vereinfachte, realitätsbezogene Version mit endlichen Mengen.

Kolmogoroff (1933, S. 1) hat auch darauf hingewiesen, dass es Anwendungen seiner Axiome gibt, die mit praktischer Wahrscheinlichkeit und Zufall nichts zu tun haben. Diese Feststellung wollen wir jetzt mit Leben füllen. Bei den folgenden Beispielen werden nur die Wahrscheinlichkeiten für die Elementarereignisse vorgegeben, da man daraus mithilfe des 3. Axioms die Wahrscheinlichkeiten für beliebige Ereignisse ableiten kann. In den Beispielen sind alle vorgegebenen Wahrscheinlichkeiten positiv (Axiom 1) und ergeben in der Summe 1 (Axiom 2). Die Additivität (Axiom 3) wird dabei entweder vorausgesetzt oder ist automatisch erfüllt, wenn es sich um relative Anteile handelt. Es sind also in allen Beispielen alle drei Axiome erfüllt, sodass P eine axiomatische Wahrscheinlichkeit ist.

Beispiel

Es sei

$$\mathrm{E} = \{\mathrm{blb}, \mathrm{trh}, \mathrm{vlk}\}$$

$$\mathrm{P}(\{\mathrm{blb}\}) = \frac{1}{\pi};\; \mathrm{P}(\{\mathrm{trh}\}) = \frac{2}{\pi};\; \mathrm{P}(\{\mathrm{vlk}\}) = 1 - \frac{3}{\pi}$$

Die Additivität (Axiom 3) wird vorausgesetzt.

Das Beispiel ist vollkommen sinnfrei, aber die Formulierung „die Wahrscheinlichkeit von {trh} ist $\frac{2}{\pi}$" wäre mathematisch korrekt. ◄

Beispiel

Definiert man

$$\mathrm{E} = \{1, 2, 3, 4, 5, 6\}$$

$$P(\{k\}) = \frac{k}{21}; k = 1, \ldots, 6$$

und setzt die Gültigkeit des 3. Axioms voraus, so sind alle Axiome erfüllt. Diese Wahrscheinlichkeiten gelten offensichtlich nicht fürs ideale Würfeln. Mathematisch ist es aber egal, welche Wahrscheinlichkeiten man den Ereignissen zuordnet, sofern nur die Axiome erfüllt sind. ◀

Die folgenden Beispiele beziehen sich auf relative Anteile und damit sind die Axiome erfüllt.

Beispiel

s1, ..., s12 seien die 12 Stücke einer Blaubeertorte.

$E = \{s1, \ldots, s12\}$ ist die gesamte Torte
$P(\{s1\}) = \ldots = P(\{s12\}) = \frac{1}{12}$ ist der relative Anteil eines Tortenstücks bezüglich Preis
oder Gewicht oder Anzahl Blaubeeren oder Gesamtanzahl Tortenstücke oder ...

Die Feststellung „die Wahrscheinlichkeit des Tortenstücks s9 ist $\frac{1}{12}$“ würde zu Recht kein(e) Bäckereifachverkäufer(in) verstehen, wäre aber mathematisch korrekt. ◀

Nun zur Abwechslung mal ein sportliches Beispiel.

Beispiel

In einer 4×100 m-Staffel hatten die Läufer a, b, c, d folgende Zeiten:

a 10,89 sec
b 11,00 sec
c 11,33 sec
d 10,78 sec

Dann ist die Gesamtzeit der Staffel 44 sec und man kann definieren

$E = \{a, b, c, d\}$ ist die Menge der Läufer
P ist der relative Zeitanteil

Die Formulierung „die Wahrscheinlichkeit von Läufer a ist $\frac{10{,}89}{44} = 23{,}75\,\%$“ wäre sachlich unsinnig, aber mathematisch korrekt. ◀

Und jetzt kommt mein Lieblingsbeispiel.

Beispiel

Auf Basis des Tests von Büffelmozzarella (Tab. 2.2) kann man setzen

E = {Sensorische Beurteilung, ..., Deklaration} ist die Menge der Bewertungskriterien
P ist die Gewichtung

Da die Gewichte Bewertungsanteile sind, sind die Axiome erfüllt. Die Formulierung „die Wahrscheinlichkeit der sensorischen Beurteilung ist 50 %“ wäre zwar mathematisch korrekt, aber inhaltlich unsinnig. Dieses Beispiel zeigt allgemein, dass die Gewichte eines gewichteten arithmetischen Mittels die Axiome erfüllen. ◀

Weitere Beispiele findet man bei Hable (2015, Kap. 1).

Die praktische Wahrscheinlichkeit ist also nur ein Beispiel von vielen, die die Axiome erfüllen, sodass die Verwendung des Begriffs Wahrscheinlichkeit in den Axiomen irreführend sein kann. Das wäre so, als würde man in der Mathematik „Geschwindigkeit“ statt „erste Ableitung“ benutzen, denn die Geschwindigkeit ist die erste Ableitung des Weges nach der Zeit, also ein Anwendungsbeispiel für die erste Ableitung. Man erhielte dann Formulierungen wie „Die Geschwindigkeit des Sinus ist der Cosinus“ und das wäre etwas merkwürdig.

Es würde also das Verständnis sehr erleichtern, wenn man in den Kolmogoroffschen Axiomen einen neutralen Begriff statt des Anwendungsbeispiels „Wahrscheinlichkeit“ nähme. Daher benutzt man im mathematischen Teilgebiet Maßtheorie auch den Begriff „normiertes Maß“ statt „Wahrscheinlichkeitsmaß“.

Wir kommen so zu einer **„Nagelprobe der Stochastik“:**

▶ Nimmt man in einem Dokument immer dann, wenn die axiomatische Wahrscheinlichkeit gemeint ist, stattdessen ein neutrales Wort wie „Pars“ (lat. „Anteil“), so muss alles noch in sich schlüssig sein.

Liebe Leser/innen, probiert das mal bei eurem Lieblingsstochastikbuch aus!

Wenn man also die Wahrscheinlichkeit axiomatisch definiert und dann Wahrscheinlichkeiten beim Glücksspiel untersucht, so sollte man explizit darstellen, was diese beiden Wahrscheinlichkeiten miteinander zu tun haben.

Zwei Wahrscheinlichkeiten

Wir haben jetzt zwei Arten von Wahrscheinlichkeiten kennengelernt, die sich noch weiter aufdröseln lassen:

- Zum einen die umgangssprachliche **praktische Wahrscheinlichkeit.** Sie drückt aus, wie sehr die bewertende Person von der Wahrheit einer Aussage überzeugt ist oder daran glaubt. Zufall, Experimente, Ereignisse oder Prognosen spielen dabei im Allgemeinen keine Rolle.
  In der angewandten Stochastik behandelt man den Sonderfall der praktischen Wahrscheinlichkeit, bei der sich die Aussagen auf Ereignisse in Vergangenheit, Gegenwart oder Zukunft beziehen. Dabei wird der Grad der Überzeugung, dass das Ereignis eintritt, in der Regel durch eine relative Häufigkeit quantifiziert.
- Zum anderen die **axiomatische Wahrscheinlichkeit** nach Kolmogoroff. Relative Häufigkeiten und damit auch die praktischen Wahrscheinlichkeiten in der angewandten Stochastik erfüllen die Axiome, aber darüber hinaus gibt es viele Beispiele, in denen die Axiome erfüllt sind, obwohl sie nichts mit praktischen Wahrscheinlichkeiten und Zufall zu tun haben. Die häufig zu lesende Formulierung „Kolmogoroff hat die Wahrscheinlichkeit axiomatisiert" bedeutet ausführlich: Kolmogoroff hat den relativen Anteil axiomatisiert und ihn dann Wahrscheinlichkeit genannt. ◀

Ab jetzt nehmen wir der Einfachheit halber statt „praktische Wahrscheinlichkeit" kurz „Wahrscheinlichkeit".

Zum Abschluss widmen wir uns noch mal dem Zweifel. Gemäß Abschn. 2.1 ist der Gegenpol von Wahrscheinlichkeit der Zweifel (lat. dubium, kurz: D), also rechnerisch einfach die Gegenwahrscheinlichkeit: $D(X) = 1 - P(X)$. Dann folgt aus den Kolmogoroffschen Axiomen:

E sei eine endliche Menge und D eine Abbildung, die jeder Teilmenge von E eine reelle Zahl zuordnet. D heißt (axiomatischer) **Zweifel,** wenn gilt:

1. $D(A) \leq 1$ für beliebige Teilmengen A von E
2. $D(E) = 0$
3. $D(A \cup B) = D(A) + D(B) - 1$, wobei A und B beliebige disjunkte Teilmengen von E sind.

Auf dieser Basis kann man dann eine zur Wahrscheinlichkeitstheorie äquivalente **Zweifeltheorie** aufbauen, viel Spaß!

Beispiel

Beim idealen Würfeln ist
$D(\{3\}) = D(\{5\}) = \frac{5}{6}$ und $D(\{3,5\}) = \frac{4}{6}$. ◀

Das Urnenmodell 3

3.1 Ziehen mit Wiederholen

Als Grundlage nehmen wir eine Urne, in der mehrere Kugeln liegen. „Ziehen mit Wiederholen“ bedeutet, dass man eine Kugel nach der Auswahl wieder in die Urne legt, sodass es sein kann, dass beim nächsten Zug dieselbe Kugel gezogen wird. Man sagt daher auch oft „Ziehen mit Zurücklegen“.

Zunächst schauen wir uns ein einfaches Beispiel an.

Beispiel

Nehmen wir zur Einstimmung eine Urne mit 3 Kugeln, die mit w (w für weiß), s1 und s2 (s für schwarz) beschriftet sind. Wir ziehen dreimal eine Kugel mit Zurücklegen, wobei wir die Reihenfolge der einzelnen Ergebnisse beachten. So bedeutet z. B. (s1, s2, s1), dass zuerst s1, dann s2 und dann wieder s1 gezogen wurde. Es gibt dann folgende mögliche Ergebnisse:

(s1, s1, s1)	(s1, s1, s2)	**(s1, s1, w)**
(s1, s2, s1)	(s1, s2, s2)	**(s1, s2, w)**
(s1, w, s1)	**(s1, w, s2)**	(s1, w, w)
(s2, s1, s1)	(s2, s1, s2)	**(s2, s1, w)**
(s2, s2, s1)	(s2, s2, s2)	**(s2, s2, w)**
(s2, w, s1)	**(s2, w, s2)**	(s2, w, w)

R. Stegen, *Wahrscheinlichkeit – Mathematische Theorie und praktische Bedeutung,* essentials, https://doi.org/10.1007/978-3-658-30930-5_3

(w, s1, s1)	**(w, s1, s2)**	(w, s1, w)
(w, s2, s1)	**(w, s2, s2)**	(w, s2, w)
(w, w, s1)	(w, w, s2)	(w, w, w)

Die Aufgabe „wie groß ist die Wahrscheinlichkeit, beim dreimaligen zufälligen Ziehen einer Kugel mit Zurücklegen genau zweimal eine schwarze Kugel zu ziehen?“ wird dann einfach durch eine relative Häufigkeit gelöst. Es gibt insgesamt 27 Möglichkeiten, drei Kugeln zu ziehen, davon sind 12 mit genau zwei schwarzen Kugeln (fett markiert). Also ist die relative Häufigkeit und damit automatisch auch die gesuchte Wahrscheinlichkeit gleich $\frac{12}{27}$. Es wurden also einfach nur alle möglichen Kombinationen notiert und dann die interessierenden Fälle gezählt. Zufall oder idealisierende Annahmen spielten dabei keine Rolle. In einem zweiten Schritt, bei dem mathematisch nichts mehr passiert, kam der Zufall ins Spiel und die relative Häufigkeit wurde als Wahrscheinlichkeit interpretiert. ◀

In diesem Fall war das alles noch recht überschaubar, aber was macht man, wenn es z. B. eine Million mögliche Ergebnisse gibt? Ich bevorzuge dann, die Anzahl der Möglichkeiten zu berechnen, statt sie alle aufzuschreiben und abzuzählen.

Beispiel

In einer Urne seien genau 7 weiße und 3 schwarze Kugeln und es wird 6 Mal mit Zurücklegen gezogen. Die Ergebnisse schreiben wir als 6-Tupel (a, b, c, d, e, f), wobei „a“ das Einzelergebnis des ersten Zuges ist, „b“ des zweiten Zuges, usw. Wie groß ist die Wahrscheinlichkeit, dass dabei genau vier weiße Kugeln gezogen werden, sofern die Auswahl der Kugeln zufällig erfolgt?

Schon in der Schule lernt man, dass es

$$\binom{6}{4} = \frac{6 \cdot 5 \cdot 4 \cdot 3}{4 \cdot 3 \cdot 2 \cdot 1} = 15$$

Möglichkeiten gibt, 4 Stellen für die weißen Kugeln im 6-Tupel auszuwählen. Die beiden schwarzen Kugeln belegen dann einfach die beiden anderen Stellen. Diese 15 Möglichkeiten könnte man zur Not explizit aufschreiben.

Wählen wir also irgendeine dieser 15 Möglichkeiten aus. Da die Urne 7 weiße Kugeln enthält, gibt es 7 Möglichkeiten für die Wahl der ersten weißen Kugel. Zu jeder dieser 7 Möglichkeiten gibt es dann an der zweiten Stelle wieder 7 Möglichkeiten für eine weiße Kugel, usw. Insgesamt gibt es also 7^4

Möglichkeiten und das bei jeder der 15 Möglichkeiten, 4 Stellen auszuwählen. Das macht insgesamt $\binom{6}{4} \cdot 7^4$ Möglichkeiten für die Auswahl von 4 weißen Kugeln mit Berücksichtigung der Reihenfolge. Da die Urne 3 schwarze Kugeln enthält, gibt es dann 3^2 Möglichkeiten, schwarze Kugeln für den verbliebenen 2 Stellen auszuwählen. Man erhält somit

$$\binom{6}{4} \cdot 7^4 \cdot 3^2 = 324.135$$

mögliche Ergebnisse mit genau 4 weißen und 2 schwarzen Kugeln.

Die Gesamtanzahl der Möglichkeiten ist aber 10^6, weil es bei jeder der 6 Ziehungen 10 Möglichkeiten für die Auswahl einer Kugel gibt.

Also ist die relative Häufigkeit und damit automatisch auch die Wahrscheinlichkeit

$$p = \frac{\binom{6}{4} \cdot 7^4 \cdot 3^2}{10^6} = \binom{6}{4} \cdot \frac{7^4}{10^4} \cdot \frac{3^2}{10^2} = \binom{6}{4} \cdot 0{,}7^4 \cdot 0{,}3^2 = 0{,}324135$$

Die letzte Formel ist die aus der Schule bekannte **Binomialverteilung,** die wir natürlich auch gleich hätten anwenden können. Dabei ist 0,7 die Wahrscheinlichkeit, zufällig eine weiße Kugel auszuwählen. Mir war aber wichtig, dass der gesamte Rechenweg nur aus Abzählen von Fällen besteht, also nichts mit Zufall oder Wahrscheinlichkeiten zu tun hat.

In einem zweiten Schritt kann man dann diese relative Häufigkeit unter der Annahme, dass beim Ziehen keine Kugel bevorzugt wird, als Wahrscheinlichkeit interpretieren. Dabei passiert aber mathematisch nichts mehr. Gut, ich wiederhole mich. ◀

Das war schon schwerer als im ersten Beispiel, aber jetzt legen wir noch einen drauf. Die folgende Aufgabenstellung hat zunächst nichts mit dem Urnenmodell zu tun, aber wir können sie entsprechend umformulieren und dann mal wieder einfach nur abzählen!

Beispiel

Man hat einen Quader mit den Seitenlängen 1, 2 und 3 und einen normalen Würfel. Der Quader trägt die Augenzahlen 1 bis 6 in folgender Verteilung:

Tab. 3.1 Quader

Seiten	Flächeninhalt	Augenzahlen	Relativer Flächenanteil
Klein	$1 \cdot 2 = 2$	1; 2	$\frac{2}{22}$
Mittel	$1 \cdot 3 = 3$	3; 4	$\frac{3}{22}$
Groß	$2 \cdot 3 = 6$	5; 6	$\frac{6}{22}$

Der Quader hat zwei kleine, zwei mittlere und zwei große Seiten und der Inhalt der Oberfläche ist $F = 2 \cdot (2 + 3 + 6) = 22$. Die beiden kleinen Flächen tragen die Augenzahlen 1 bzw. 2 und haben einen relativen Flächenanteil von jeweils $\frac{2}{22}$, entsprechend die anderen Flächen. Wenn man wie ich zu faul ist, lange Testreihen durchzuführen, kann man einfach annehmen, dass die Wahrscheinlichkeit einer bestimmten Augenzahl wie beim Würfel dem relativen Flächenanteil (für den Quader gemäß Tab. 3.1) entspricht. Das war eine theoretische Analyse, die aber (zunächst) nicht zu einer klassischen Laplaceschen Wahrscheinlichkeit führt, da die einzelnen Augenzahlen unterschiedliche Wahrscheinlichkeiten haben.

Und nun die Aufgabe: Jemand wählt unbemerkt und zufällig eines der beiden Objekte aus, würfelt damit und verkündet lediglich, dass er eine 3 gewürfelt hat. Wie groß ist die Wahrscheinlichkeit, dass er mit dem Quader gewürfelt hat?

Echte Stochastiker holen jetzt die große Keule raus und nutzen bedingte Wahrscheinlichkeiten, Satz von Bayes, a-priori- und a-posteriori-Wahrscheinlichkeiten. Aber da wir das alles nicht kennen, beschränken wir uns mal wieder – richtig, aufs Abzählen! Dazu brauchen wir nur geeignet beschriftete Kugeln für unsere Urne.

Der Nenner der relativen Flächenanteile (Wahrscheinlichkeiten) beim Quader ist 22, beim Würfel 6, also ist der Hauptnenner gleich 66. Da Quader und Würfel gleichberechtigt sind, werden sie durch jeweils 66 Kugeln repräsentiert. Davon tragen beim Quader $\frac{3}{22} \cdot 66 = 9$ Kugeln und beim Würfel $\frac{1}{6} \cdot 66 = 11$ Kugeln die Augenzahl 3. Von diesen insgesamt 20 Kugeln mit der Augenzahl 3 gehören $\frac{9}{20}$ zum Quader und $\frac{11}{20}$ zum Würfel. Dieses Ergebnis wurde mal wieder nur durch Abzählen erzielt – also ohne Zufall, Annahmen oder Wahrscheinlichkeiten. Jetzt kann man das wieder unter idealisierenden Annahmen als Wahrscheinlichkeiten interpretieren und sagen: Die Wahrscheinlichkeit, dass die 3 mit dem Quader gewürfelt wurde, beträgt $\frac{9}{20} = 45\,\%$. ◀

Wie geht man aber vor, wenn die einzelnen Wahrscheinlichkeiten aufgrund von Erfahrung, also durch Beobachtungen häufiger gleichartiger Vorgänge, ermittelt wurden? Man muss dann von der Erfahrung auf den nächsten gleichartigen Fall schließen, also z. B. aus der Erfahrung von 100 Versuchen auf die Wahrscheinlichkeit beim 101. Versuch.

Beispiel

Beim 100-maligen Wurf einer Reißzwecke gab es 60 Mal das Ergebnis „Spitze unten" und 40 Mal „Spitze oben". Wie groß ist die Wahrscheinlichkeit für „Spitze unten" beim 101. Wurf?

Wenn man glaubt, dass die Bedingungen beim 100-maligen Wurf konstant waren und auch beim 101. Wurf noch dieselben sind, dann kann man die Aufgabenstellung umformulieren zu: Wie groß ist die Wahrscheinlichkeit, bei der zufälligen Auswahl eines der bisherigen 100 Ergebnisse „Spitze unten" zu erwischen?

Das Ergebnis ist 60 %, also einfach die relative Häufigkeit von „Spitze unten" in der Menge der bisherigen Ergebnisse. ◀

Diese Methode, statt in die Zukunft (Wahrscheinlichkeit beim 101. Wurf) in die Vergangenheit (relative Häufigkeit bei 100 Würfen) zu schauen, funktioniert aber nur, wenn die Rahmenbedingungen wirklich konstant bleiben. In der Realität muss das nicht sein, wie die beiden folgenden Beispiele zeigen.

Beispiel

Ein Antibiotikum hat in den letzten 10 Jahren in 80 % aller Fälle geholfen. Wie groß ist die Wahrscheinlichkeit, dass es auch morgen beim nächsten Patienten hilft? Wenn die Bedingungen konstant waren oder wenn man schlicht und einfach keine weiteren Informationen hat, dann kann man einfach die relative Häufigkeit 80 % als Antwort nehmen.

Anders sieht die Sache aus, wenn man weiß, dass sich im Laufe der Zeit Resistenzen entwickelt haben, sodass das Medikament vor 10 Jahren in 95 %, aber im vergangenen Jahr nur noch in 65 % aller Fälle half, die 80 % also nur ein Durchschnittswert sind. Wenn man annimmt, dass die Entwicklung so weiter geht, dann liegt die Wahrscheinlichkeit jetzt zu Beginn des 11. Jahres knapp unter 65 %, also ein ganz anderer Wert. ◀

Beispiel

Nehmen wir an, dass 20 % der seit dem Jahre 2000 in Deutschland verkauften Fieberthermometer Quecksilber enthalten. Wie groß ist die Wahrscheinlichkeit, dass ein Fieberthermometer, das man heute in der Apotheke kauft, Quecksilber enthält?

Wenn man nichts Zusätzliches weiß, dann ist die Wahrscheinlichkeit einfach die relative Häufigkeit der Vergangenheit, also 20 %. Nun ist es aber seit April 2009 gemäß EU-Richtlinie verboten, quecksilberhaltige Thermometer zu verkaufen. Die gesuchte Wahrscheinlichkeit ist also tatsächlich gleich 0. ◀

In beiden Beispielen hat es also Entwicklungen gegeben, die dazu führen, dass eine relative Häufigkeit der Vergangenheit kein guter Wert für eine aktuelle Wahrscheinlichkeit ist. In diesem Fall kann man nur hoffen, irgendwelche plausiblen Regelmäßigkeiten in den bisherigen relativen Häufigkeiten zu entdecken, um auf Wahrscheinlichkeiten bei weiteren gleichartigen Ereignissen schließen zu können. Dabei kann man sich der sogenannten Regressionsanalyse bedienen, auf die hier aber nicht weiter eingegangen wird.

Jetzt noch ein Beispiel, bei dem es mathematisch auch wieder nur ums Abzählen geht, auch wenn das im ersten Moment nicht danach aussieht.

Beispiel

Ein Fußballspieler erzielt beim Strafstoß mit der Wahrscheinlichkeit p ein Tor. Wie groß muss p mindestens sein, damit er bei 4 Versuchen mit einer Wahrscheinlichkeit von höchstens 10 % kein Tor erzielt?

Ausgangspunkt ist die Einschätzung (z. B. aus Erfahrung), dass der Fußballspieler bei k von n Strafstößen den Ball versenkt, also $p = \frac{k}{n}$. Wenn man annimmt, dass der Spieler eine konstante Spielstärke hat, so kann man die Aufgabe lösen, indem man eine geeignete Auswahl aus den n Strafstößen trifft.

Dafür wenden wir auch hier wieder das Urnenmodell an. In einer Urne sind n Kugeln, wovon k die Aufschrift „s“ für „versenkt“ und $n - k$ die Aufschrift „g“ für „vergeigt“ tragen. Man betrachtet alle Möglichkeiten, aus den n Kugeln 4 mit Zurücklegen auszuwählen. Wie groß muss k mindestens sein, damit höchstens 10 % aller dieser 4er-Auswahlen die Eigenschaft haben, dass jede Kugel ein „g“ trägt?

Betrachtet man alle Möglichkeiten, vier Kugeln mit „g“ mit Wiederholen auszuwählen, sie sind das $(n - k)^4$ mögliche 4er-Auswahlen. Insgesamt gibt es n^4 4er-Auswahlen beliebiger Kugeln. Die relative Häufigkeit der 4er-Auswahlen mit vier „g“ ist also

$$\frac{(n-k)^4}{n^4} = \left(1 - \frac{k}{n}\right)^4.$$

Laut Aufgabenstellung muss $p = \frac{k}{n}$ so bestimmt werden, dass

$$\left(1 - \frac{k}{n}\right)^4 \leq 0,1 = 10\,\%$$

ist. Daraus folgt

$$p = \frac{k}{n} \geq 1 - \sqrt[4]{0,1} = 0,437\ldots$$

also

$$k \geq 0,437\ldots \cdot n$$

Wenn also der Fußballer in der Vergangenheit z. B. $n = 73$ Strafstöße geschossen hat und wenn man annimmt, dass er bei den vier künftigen Strafstößen so gut ist, wie er durchschnittlich in der Vergangenheit war, dann muss er in der Vergangenheit mindestens $0,437\ldots \cdot 73 = 31,9\ldots$, also mindestens 32 Mal getroffen haben, damit die Ungleichung erfüllt ist. Die gesuchte Wahrscheinlichkeit ist in diesem Fall mindestens gleich $\frac{32}{73} = 0,438\ldots$. Da man statt 4 künftigen Strafstößen eine beliebig große Zahl nehmen könnte, muss im Urnenmodell mit Wiederholen gezogen werden. ◀

Zum Abschluss noch ein Beispiel für einen auch in der Schule häufig vorkommenden Aufgabentyp, der zum nächsten Abschnitt überleitet.

Beispiel

Erfahrungsgemäß sind 3 % aller produzierten Geräte eines bestimmten Herstellers fehlerhaft. Wie groß ist die Wahrscheinlichkeit, dass in einer Charge von 100 Geräten genau drei fehlerhaft sind?

Zunächst nehmen wir wieder an, dass die Produktionsbedingungen konstant sind. Dann könnte man wieder die Binomialverteilung nehmen und erhält als Lösung

$$p = \frac{\binom{100}{3} \cdot 3^3 \cdot 97^{97}}{100^{100}} = \binom{100}{3}$$
$$\cdot \frac{3^3}{100^3} \cdot \frac{97^{97}}{100^{97}} = \binom{100}{3} \cdot 0{,}03^3 \cdot 0{,}97^{97} = 0{,}2274\ldots$$

Aber halt, das geht doch gar nicht, denn die untersuchten Geräte sind natürlich verschieden, d. h., es wird ohne Zurücklegen ausgewählt. Die Binomialverteilung setzt aber „mit Zurücklegen“ voraus. Besonders krass sieht man den Fehler, wenn man annimmt, dass überhaupt nur 100 Geräte produziert wurden. Die Charge besteht dann aus genau diesen 100 Geräten, sodass die gesuchte Wahrscheinlichkeit 100 % ist, denn es sind ja garantiert genau drei fehlerhafte Geräte darunter. Der oben errechnete Wert ist also falsch. ◀

3.2 Ziehen ohne Wiederholen

Auch wenn es vielleicht langsam langweilig wird, nehmen wir als Grundlage wieder eine Urne, in der mehrere Kugeln liegen. „Ziehen ohne Wiederholen“ bedeutet, dass man die Kugel nach dem Ziehen nicht wieder in die Urne zurücklegt. Man sagt daher auch oft „Ziehen ohne Zurücklegen“.

Typisches Beispiel ist die Ziehung der Lottozahlen. Wenn eine Kugel gezogen wurde, wird sie nicht zurückgelegt, sodass alle 6 gezogenen Zahlen garantiert unterschiedlich sind. Das wollen wir im folgenden Beispiel näher untersuchen.

Beispiel

Wie groß ist die Wahrscheinlichkeit beim Lotto „6 aus 49“ (ohne Superzahl) genau 4 Richtige zu haben? Nehmen wir an, die offizielle Ziehung der Lottozahlen hat stattgefunden. Es gibt dann 6 richtige und 43 falsche Zahlen.

Auch hier müssen wir wieder nur Zähler und Nenner einer relativen Häufigkeit berechnen, also schlicht abzählen. Im Zähler der relativen Häufigkeit steht $\binom{6}{4} \cdot \binom{43}{2}$, denn es gibt $\binom{6}{4}$ Möglichkeiten, aus den 6 richtigen Zahlen 4 auszuwählen, und $\binom{43}{2}$ Möglichkeiten, aus den 43 falschen Zahlen 2 auszuwählen. Da es zu jeder der $\binom{6}{4}$ richtigen Möglichkeiten $\binom{43}{2}$ falsche Möglichkeiten gibt, müssen beide Werte miteinander multipliziert werden.

Im Nenner steht $\binom{49}{6}$, denn das ist die Anzahl der Möglichkeiten, aus 49 Zahlen 6 auszuwählen.

Insgesamt ist dann die relative Häufigkeit und damit die Wahrscheinlichkeit

$$p = \frac{\binom{6}{4} \cdot \binom{43}{2}}{\binom{49}{6}} = \frac{13.545}{13.983.816} \approx \frac{1}{1032}$$

und das ist die aus der Schule bekannte **hypergeometrische Verteilung.**

Hinweis:

Berücksichtigt man zusätzlich die einstellige Superzahl, so hat man in 9 von 10 Fällen auf eine falsche Superzahl gesetzt. Multipliziert man die Wahrscheinlichkeit mit $\frac{9}{10}$, so erhält man

$$p \cdot \frac{9}{10} \approx \frac{1}{1147}$$

und das ist genau die Gewinnwahrscheinlichkeit für „4 Richtige" (mit falscher Superzahl), die die Lottogesellschaft angibt[1]. ◀

Nun trauen wir uns noch mal an das letzte Beispiel in Abschn. 3.1.

Beispiel

Erfahrungsgemäß sind 3 % aller produzierten Geräte eines bestimmten Herstellers fehlerhaft. Wie groß ist die Wahrscheinlichkeit, dass in einer Charge von 100 Geräten genau drei fehlerhaft sind?

Zunächst nehmen wir wieder an, dass die Produktionsbedingungen konstant waren. Leider kennen wir die gesamte Produktionsmenge nicht. Sie muss nur durch 100 teilbar sein, damit die Angabe „3 % sind fehlerhaft" zu einer glatten Anzahl führt. Die Produktionsmenge muss also als $100 \cdot n$ mit einer natürlichen Zahl n darstellbar sein, wobei 3 %, also $3 \cdot n$ Geräte defekt und $97 \cdot n$ Geräte nicht defekt sind. Wir schauen wieder in die Vergangenheit und wählen aus den $100 \cdot n$ produzierten Geräten 100 aus. Dann ist die gesuchte Wahrscheinlichkeit nach der hypergeometrischen Verteilung

[1]https://www.lotto.de/lotto-6aus49/info/gewinnwahrscheinlichkeit. Zugegriffen: 3. Mai 2020.

$$p_n = \frac{\binom{3n}{3} \cdot \binom{97n}{97}}{\binom{100n}{100}}$$

Es ist

$$p_1 = 1;\ p_2 = 0{,}3172\ldots;\ p_3 = 0{,}2773\ldots;\ \ldots;\ p_{30} = 0{,}2313\ldots;\ \ldots$$

und so nähert man sich mit wachsendem n dem Wert $p = 0{,}2274\ldots$ der Binomialverteilung an. Dieser Wert ist also zumindest für große Produktionszahlen näherungsweise richtig. ◀

Wir ziehen nun ein Resümee.

Relative Häufigkeit und Wahrscheinlichkeit

In allen Beispielen in Kap. 3 kann das Urnenmodell angewendet werden, sodass es mathematisch nur ums Abzählen und daraus abgeleitete relative Häufigkeiten geht. In einem zweiten Schritt, bei dem mathematisch nichts mehr passiert, kann man diese relative Häufigkeit dann als Wahrscheinlichkeit interpretieren. Erst in diesem zweiten Schritt kommen der Zufall und idealisierende Annahmen ins Spiel. In diesem Sinne sind auch Formulierungen wie „Stochastik ist die Mathematik des Zufalls" oder Ähnliches zu verstehen: erst Mathematik, dann Zufall. Es ist für das Verständnis hilfreich, Aufgaben zur Wahrscheinlichkeit in die beiden Schritte „Mathematik" (Kombinatorik ohne Zufall) und „Interpretation als Wahrscheinlichkeit" (mit Zufall) aufzutrennen. Oder noch radikaler: die Aufgaben werden von vorneherein ohne Zufall und Wahrscheinlichkeit formuliert.

Hinweis: In Abschn. 4.3 werden wir Wahrscheinlichkeiten kennenlernen, die sich aus mehreren relativen Häufigkeiten zusammensetzen. ◀

Zum Abschluss noch eine Anmerkung für Mathematiker.

Hintergrundinformation

Relative Häufigkeiten kann man nur bestimmen, wenn die Grundgesamtheit, deren Größe ja im Nenner steht, endlich ist. Da man in der Realität weder unendlich viele Versuche machen, noch beliebig genau messen kann, gibt es praktisch gesehen bei einem Versuch bzw. einer Versuchsreihe immer nur endlich viele mögliche Ergebnisse und damit auch immer nur endlich viele relative Häufigkeiten und Wahrscheinlichkeiten. Das hatte auch Kolmogoroff (1933, S. 14) bereits angemerkt. Wenn die Ergebnisse Zahlen sind, die sehr dicht beieinander liegen, dann kann es mathematisch einfacher sein, so zu tun, als ob auch alle Zwischenwerte auftreten können. In diesem Modell kann man dann stetige Verteilungen wie die Normalverteilung nutzen. Diese Methode hat sich bewährt, aber sie hat nur eine begrenzte Aussagekraft. Würde man z. B. feststellen, dass das Gewicht von Neugeborenen normalverteilt ist, so gilt das nur in einer kleinen Umgebung des Erwartungswertes, denn die Normalverteilung liefert auch positive Wahrscheinlichkeiten für negative Gewichte oder Gewichte über 100 kg.

Wir beschränken uns im essential nur auf den realitätsbezogenen endlichen Fall, sodass wir immer relative Häufigkeiten nutzen können.

4 Einzelne Anwendungen

4.1 Die bedingte Wahrscheinlichkeit

Manchmal kann es vorkommen, dass sich eine relative Häufigkeit nur auf einen Teil der ursprünglichen Grundgesamtheit bezieht.

Beispiel

100 Personen werden befragt, ob sie ein Auto oder ein Fahrrad besitzen. Das Ergebnis ist

Kürzt man ab

$$A = \text{Menge der Autobesitzer}$$

$$F = \text{Menge der Fahrradbesitzer}$$

so ist

$$A \cap F = \text{Menge der Personen, die ein Auto und ein Fahrrad besitzen}$$

Bezieht man sich auf alle befragten Personen, so haben $30 + 40 = 70$ Personen, also 70 % der Befragten, ein Auto.

Beschränkt man sich aber nur auf die Personen, die ein Fahrrad besitzen, dann sind nur die beiden ersten Zeilen von Tab. 4.1 relevant und es ergibt sich

$$h_F(A) = \frac{\text{Anzahl}(A \cap F)}{\text{Anzahl}(F)} = \frac{30}{30 + 20} = 0{,}6 = \frac{h(A \cap F)}{h(F)}.$$

Es haben also 60 % der befragten Fahrradbesitzer ein Auto. h_F ist dabei die relative Häufigkeit unter der Bedingung, dass man sich auf die Menge F beschränkt, kurz: die **bedingte relative Häufigkeit.** ◀

R. Stegen, *Wahrscheinlichkeit – Mathematische Theorie und praktische Bedeutung,* essentials, https://doi.org/10.1007/978-3-658-30930-5_4

Tab. 4.1 Befragung

Auto	Fahrrad	Anzahl
Ja	Ja	30
Nein	Ja	20
Ja	Nein	40
Nein	Nein	10

Da in unseren Beispielen Wahrscheinlichkeiten rechnerisch immer durch relative Häufigkeiten dargestellt werden, definiert man die **bedingte Wahrscheinlichkeit** ganz analog durch

$$P_B(A) = P(A|B) = \frac{P(A \cap B)}{P(B)} \text{mit } P(B) \neq 0$$

$P_B(A)$ bzw. $P(A|B)$ ist die Wahrscheinlichkeit, dass das Ereignis A eintritt, unter der Bedingung, dass das Ereignis B eintritt. Wichtig ist dabei, dass A und B Ereignisse desselben Prozesses sind.

> Bei $P_B(A)$ bzw. $P(A|B)$ treten A und B gleichzeitig ein.

Man kann leicht nachprüfen, dass die Kolmogoroffschen Axiome für P_B erfüllt sind, sodass P_B eine „richtige" Wahrscheinlichkeit ist.

Die bedingte Wahrscheinlichkeit drückt aus, dass zusätzliche Erkenntnisse oder Annahmen die Wahrscheinlichkeit verändern können. Das erleben wir natürlich auch im täglichen Leben. So war für mich auf dem Weg zum Supermarkt die Wahrscheinlichkeit sehr hoch, dass ich Mehl und Toilettenpapier bekommen werde, denn das war bislang immer so. Aber beim Anblick leerer Regale ist die Wahrscheinlichkeit dann leider für heute auf null gesunken.

Beispiel

Es wird gleichzeitig mit einem roten und einem grünen Würfel gewürfelt. Dann gibt es $6 \cdot 6 = 36$ mögliche Ergebnisse, die man als 2-Tupel schreiben kann. Es sei

$$E = \{(1,1), (1,2), \ldots, (6,5), (6,6)\} \quad \text{Menge aller möglichen Ergebnisse}$$

$$A = \{(1,3), (2,2), (3,1)\} \quad \text{Teilmenge mit Augensumme 4}$$

Dabei gibt die erste Zahl im 2-Tupel die Augenzahl des roten und die zweite Zahl die Augenzahl des grünen Würfels an. Gleichwertig wäre wieder das zweimalige Ziehen einer Kugel mit Zurücklegen aus einer Urne, in der sich 6 durchnummerierte Kugeln befinden.

3 von 36 möglichen Ergebnissen haben die Augensumme 4, sodass man auch schreiben kann:

$$P(A) = h(A) = \frac{3}{36} = \frac{1}{12}$$

Nun habe ich aber zufällig gesehen, dass mit dem roten Würfel die Augenzahl 1 gewürfelt wurde, nur das Ergebnis beim grünen Würfel kenne ich nicht. Unter dieser Bedingung schrumpft die Gesamtheit E der 36 möglichen Ergebnisse auf die Menge G der 6 möglichen Ergebnisse, also

$$G = \{(1,1), (1,2), (1,3), (1,4), (1,5), (1,6)\}$$

und A schrumpft zur Teilmenge B von G, deren Elemente die Augensumme 4 haben, also

$$B = A \cap G = \{(1,3)\}.$$

Also ist die relative Häufigkeit der Augensumme 4 und damit die Wahrscheinlichkeit unter der Bedingung, dass der rote Würfel die Augenzahl 1 hat,

$$P(B|G) = \frac{1}{6}$$

Und was würde sich mit der Formel oben ergeben? Die Basis der Wahrscheinlichkeit P ist die Menge aller 36 Ergebnisse ohne Einschränkungen. Damit folgt

$$P(G) = \tfrac{6}{36} \text{ und } P(B) = \tfrac{1}{36}$$

und somit

$$P(A|G) = \frac{P(A \cap G)}{P(G)} = \frac{P(B)}{P(G)} = \frac{1}{6}$$

Das passt also alles. Bei allen Schritten ging es rechnerisch nur um relative Häufigkeiten, die dann in einem zweiten Schritt als Wahrscheinlichkeiten interpretiert wurden. ◀

Bei der Definition der bedingten Wahrscheinlichkeit stand, dass die beiden Ereignisse immer gleichzeitig eintreten, da sie zu demselben Versuch gehören. Das scheint im Widerspruch zu vielen Aufgaben zu stehen, wo erst die Bedingung und danach das betrachtete Ereignis stattfindet.

Beispiel

In einer Urne sind zwei schwarze Kugeln s1, s2 und zwei weiße Kugeln w1, w2, und es wird ohne Zurücklegen gezogen. Wie groß ist dann die Wahrscheinlichkeit, im zweiten Zug eine weiße Kugel zu ziehen, wenn im ersten Zug bereits eine weiße Kugel gezogen wurde und wenn keine Kugel beim Ziehen bevorzugt wird?

Da die beiden Ereignisse offenbar nicht gleichzeitig stattfinden, muss man einen Trick anwenden, um Gleichzeitigkeit zu erzeugen. Dazu geht man nicht von zwei Versuchen, sondern von einem zweistufigen Versuch aus. Die relevanten Ereignisse sind dann

- Menge der 12 möglichen Ergebnisse
$$\begin{aligned} E = \{&(s1, s2), (s1, w1), (s1, w2), (s2, s1), (s2, w1), (s2, w2),\\ &(w1, s1), (w1, s2), (w1, w2), (w2, s1), (w2, s2), (w2, w1)\}\end{aligned}$$
- Ereignis, dass im zweiten Zug eine weiße Kugel gezogen wird
$$A = \{(s1, w1), (s2, w1), (w2, w1), (s1, w2), (s2, w2), (w1, w2)\};$$
$$P(A) = \frac{6}{12}$$
- Ereignis, dass im ersten Zug eine weiße Kugel gezogen wird
$$B = \{(w1, s1), (w1, s2), (w1, w2), (w2, s1), (w2, s2), (w2, w1)\};$$
$$P(B) = \frac{6}{12}$$
- Durchschnitt beider Ereignisse
$$A \cap B = \{(w1, w2), (w2, w1)\};\ P(A \cap B) = \frac{2}{12}$$

Für die gesuchte Wahrscheinlichkeit ergibt sich dann

$$P(A|B) = \frac{P(A \cap B)}{P(B)} = \frac{1}{3}.$$

Oder viel einfacher: Man beginnt erst nach dem ersten Ziehen mit der Rechnerei. Dann ist (w kann w1 oder w2 sein)

$$E = \{s1, s2, w\}$$

und

$$P(\{w\}) = \frac{1}{3} \blacktriangleleft$$

Ein wichtiger Sonderfall liegt vor, wenn die Bedingung keine Auswirkung auf die Wahrscheinlichkeit hat.

Zwei Ereignisse A und B, die Ergebnisse desselben Versuches beinhalten, sind **bezüglich P stochastisch unabhängig** voneinander, wenn gilt

$$P(A|B) = P(A) \text{ und } P(B|A) = P(B)$$

Anderenfalls sind A und B **bezüglich P stochastisch abhängig** voneinander.

Dazu sind zwei Erkenntnisse wichtig.

Zum einen folgt in der Definition aus der Gültigkeit der einen Gleichung automatisch auch die Gültigkeit der anderen Gleichung. Um das nachzurechnen, kann man zunächst die Gleichung in der Definition der bedingten Wahrscheinlichkeit umformen zu

$$P(B \cap A) = P(A \cap B) = P(A|B) \cdot P(B)$$

Setzt man dann z. B. $P(A|B) = P(A)$ und $P(A) \neq 0$ voraus, so folgt

$$P(B|A) = \frac{P(B \cap A)}{P(A)} = \frac{P(A|B) \cdot P(B)}{P(A)} = \frac{P(A) \cdot P(B)}{P(A)} = P(B)$$

Wenn also A von B bezüglich P stochastisch unabhängig ist, dann auch B von A und deshalb steht in der Definition „voneinander unabhängig". Umgangssprachlich sieht das natürlich ganz anders aus. So ist z. B. die finanzielle Abhängigkeit zwischen zwei Personen oft eine Einbahnstraße.

Zum anderen wird meistens der Zusatz „bezüglich P" weggelassen, wenn es sich aus dem Kontext eindeutig ergibt. Dass stochastisch unabhängige Ereignisse durch die Wahl eines anderen P stochastisch abhängig werden können, zeigt das folgende Würfelbeispiel.

Beispiel

Beim einmaligen Würfeln mit einem Würfel seien

$E = \{1, 2, 3, 4, 5, 6\}$ die Menge der möglichen Ergebnisse

$A = \{1, 2\},\ B = \{1, 3\}$ zwei Ereignisse

Fall 1: klassische Wahrscheinlichkeit P_1

Es sieht alles normal aus, also

$$P_1(\{1\}) = \ldots = P_1(\{6\}) = \frac{1}{6}$$

$$P_1(A) = P_1(B) = \frac{2}{6} = \frac{1}{3}$$

$$P_1(A \cap B) = P_1(\{1\}) = \frac{1}{6}$$

Dann ist

$$P_1(A|B) = \frac{P_1(A \cap B)}{P_1(B)} = \frac{1}{2}$$

Wegen $P_1(A|B) \neq P_1(A)$ sind die Ereignisse A und B bezüglich P_1 stochastisch abhängig voneinander.

Fall 2: statistische Wahrscheinlichkeit P_2

Nach häufigem Würfeln haben sich folgende relative Häufigkeiten ergeben, die als statistische Wahrscheinlichkeiten genommen werden:

$$P_2(\{1\}) = \frac{1}{16}; P_2(\{2\}) = \ldots = P_2(\{6\}) = \frac{3}{16}$$

Die Summe der Wahrscheinlichkeiten ist 1, also passt alles. Damit folgt

$$P_2(A) = P_2(B) = \frac{1}{16} + \frac{3}{16} = \frac{4}{16} = \frac{1}{4}$$

$$P_2(A \cap B) = P_2(\{1\}) = \frac{1}{16}$$

$$P_2(A|B) = \frac{P_2(A \cap B)}{P_2(B)} = \frac{1}{4}$$

Wegen $P_2(A|B) = P_2(A)$ sind die Ereignisse A und B bezüglich P_2 stochastisch unabhängig voneinander.

Die Ereignisse A und B sind also stochastisch voneinander abhängig bezüglich P_1 und unabhängig bezüglich P_2. ◀

4.2 Das Gesetz der großen Zahlen

Die Bezeichnung „Gesetz der großen Zahlen" suggeriert, dass es wieder nur ums Abzählen geht und so ist es praktisch gesehen auch.

Wir wählen eine einfache Fassung, die besagt: Wenn man einen Versuch unter konstanten Bedingungen häufig wiederholt, dann stabilisieren sich die relativen Häufigkeiten bei einem bestimmten Wert. Das ist das empirische Gesetz der großen Zahlen. „empirisch" bedeutet „auf Erfahrung beruhend" und beschreibt die Realität und nicht idealisierte Gedankenexperimente.

Es scheint also eine mysteriöse Kraft zu geben, die bei langen Versuchsreihen dafür sorgt, dass die relativen Häufigkeiten auf Dauer in der Nähe eines bestimmten Wertes bleiben. Dieser Kraft vertrauen auch manche Spieler, wenn sie z. B. feststellen, dass beim Roulette bislang selten „rot" gekommen ist und deshalb jetzt unbedingt gehäuft „rot" kommen muss, um wieder ausgewogene Zustände herzustellen. Solche Überlegungen sind unter dem Begriff „Spielerfehlschluss" bekannt. Da aber Roulettekugeln (und übrigens auch Würfel, Münzen oder Reißzwecken) kein Gedächtnis haben, ist es ihnen egal, was vorher passiert ist und sie denken gar nicht daran, irgendwelche Unregelmäßigkeiten der Vergangenheit wieder auszubügeln. Es muss also etwas Anderes hinter diesem Mysterium stecken.

Zunächst betrachten wir aber ein praktisches Problem langer Versuchsreihen anhand zweier Beispiele.

Beispiel

Würfelt man oft „ideal", so stellt man in der Regel fest, dass sich die relativen Häufigkeiten für jede Augenzahl dem Wert $\frac{1}{6}$ annähern. Diese Annäherung ist in der Realität aber oft nur vorübergehend, da sich jeder Würfel mit der Zeit abnutzt. Ist die Abnutzung asymmetrisch, dann können sich die relativen Häufigkeiten später bei anderen Werten stabilisieren. Und nimmt man einen bröseligen Brotwürfel, so zerlegt sich dieser Würfel relativ schnell in seine Bestandteile, sodass es gar nicht erst zu einer Stabilisierung kommt. ◀

Beispiel

Wirft man eine Reißzwecke oft, so stabilisieren sich zunächst die relativen Häufigkeiten für „Spitze oben" z. B. bei 40 % und „Spitze unten" bei 60 %. Nach weiteren Würfen beginnt sich die Spitze zu verbiegen, bis sie schließlich am Kopf der Reißzwecke anliegt, sodass sich beide relative Häufigkeiten bei 50 % stabilisieren. ◀

An diesen Beispielen sieht man, dass die Aussage „Würfel haben kein Gedächtnis“ nicht ganz richtig ist, denn bei jedem Wurf verändert sich der Würfel ein wenig und dieser Effekt wird auf lange Sicht immer wirksamer.

Das empirische Gesetz der großen Zahlen lautet also ausführlicher:

Verändern sich die Bedingungen bei einer Versuchsreihe nur sehr langsam, so stabilisieren sich die relativen Häufigkeiten in der Regel zunächst bei einem bestimmten Wert. Z. B. durch Abnutzungseffekte können sich die Bedingungen weiter verändern, sodass die Stabilisierung verloren geht oder bei einem anderen Wert eintritt. Man muss also die Versuche oft genug durchführen, um eine Stabilisierung der relativen Häufigkeiten zu erreichen, aber nicht zu oft, weil die Stabilisierung dann wieder verloren gehen kann.

Schaut man sich entsprechende Grafiken im Internet oder in Büchern an, so gehen diese in der Regel nur bis zur ersten Stabilisierung, aber nicht darüber hinaus.

Aber wenn es empirisch keine dauerhafte Stabilisierung gibt, gibt es sie dann wenigstens in idealisierten Gedankenexperimenten? Gibt es also idealisierte Modelle, in denen die Folge der relativen Häufigkeiten gegen einen Grenzwert konvergiert? Das wäre so, wie wenn man 1 durch 3 dividiert und das Ergebnis als Dezimalzahl (ohne Periodenstrich) darstellt. Das Divisionsverfahren kann man theoretisch beliebig lange durchführen, wobei man sich dem Grenzwert immer mehr annähert.

Die Antwort auf die Frage ist ein klares Jein, denn das hängt vom Grad der Idealisierung ab.

Nehmen wir z. B. eine Reißzwecke und bestimmen die relative Häufigkeit für „Spitze unten“ nach jedem Wurf, wobei dauerhaft konstante Versuchsbedingungen und eine unbegrenzte Häufigkeit der Würfe angenommen werden, also Verhältnisse, die es empirisch nicht gibt. Um die Konvergenz der Folge der relativen Häufigkeiten nachweisen zu können, bräuchte man eine Formel für die relativen Häufigkeiten, die es erlaubt, die relative Häufigkeit z. B. nach dem sextillionsten Wurf zu berechnen. Eine solche Formel gibt es aber nicht. Also kann man die Konvergenz nicht nachweisen und somit erst recht keinen Grenzwert bestimmen.

Das einzige, was man tatsächlich bestimmen kann, ist die relative Häufigkeit von „Spitze unten“ bei Abbruch der Versuchsreihe, also z. B. nach dem 1000. Wurf. Diese relative Häufigkeit kann man dann als Wahrscheinlichkeit für „Spitze unten“ beim 1001. Wurf nehmen. Und weil nur das möglich ist, macht man es in der Praxis auch genauso.

Manchmal nimmt man aber trotzdem an, dass dieser Grenzwert existiert und nennt ihn innewohnende oder zugrunde liegende Wahrscheinlichkeit. Da ich aber keine konkrete Fragestellung kenne, bei der man diesen Grenzwert benötigt (denn – wie schon gesagt – in der Praxis nimmt man einfach die letzte relative Häufigkeit), verfolgen wir diesen Ansatz nicht weiter.

Der Nachweis einer Art Konvergenz gelingt erst, wenn man noch stärker abstrahiert. Das wird jetzt ohne allzu komplizierten Formelkram an einem Beispiel erläutert.

Beispiel

Es geht um die Auswahl einer Zahl mit Wiederholen aus der Menge $E = \{1, 2, 3, 4, 5, 6\}$. Darunter kann man sich in der Realität Würfeln oder Ziehen aus einer Urne oder sonst etwas vorstellen.

Dann gibt es $6 = 6^1$ mögliche Ergebnisse beim einmaligen Auswählen, $6 \cdot 6 = 6^2$ mögliche Ergebnisse beim zweimaligen Auswählen und schließlich 6^{6000} mögliche Ergebnisse beim 6000-maligen Auswählen, was immerhin eine 4669-stellige Zahl ist. Ein Ergebnis beim 6000-maligen Auswählen kann man als 6000-Tupel $(w_1, w_2, \ldots, w_{6000})$ schreiben, wobei z. B. w_{123} das Einzelergebnis der 123. Auswahl ist.

Nun gibt es

$$H_n = \binom{6000}{n} \cdot 1^n \cdot 5^{6000-n}$$

6000-Tupel, in denen genau n Dreien vorkommen. Denn $\binom{6000}{n}$ ist die Anzahl Möglichkeiten, n Stellen im 6000-Tupel für die Dreien auszuwählen, 1^n ist die Anzahl der Möglichkeiten, eine 3 auf jede der n Stellen zu verteilen (diesen Faktor könnte man sich also schenken) und 5^{6000-n} ist die Anzahl Möglichkeiten, an den verbliebenen $6000 - n$ Stellen jeweils eine der 5 Zahlen ungleich 3 unterzubringen. Und da man die Möglichkeiten beliebig miteinander kombinieren kann, muss man das Produkt bilden und erhält so H_n. Das ist wieder die gute alte Binomialverteilung.

Mit etwas Schulmathematik stellt man fest, dass H_n mit wachsendem n zunächst immer größer wird, für $n = 1000$ das Maximum erreicht und ab dann immer kleiner wird. 6000-Tupel mit genau 1000 Dreien kommen also am häufigsten vor, 6000-Tupel mit 999 bzw. 1001 Dreien sind schon seltener und je weiter man sich von $n = 1000$ entfernt, umso weniger 6000-Tupel von dieser Sorte gibt es. Dabei kann man zeigen, dass schon in kleiner Entfernung von $n = 1000$ die Anzahl der Tupel mit n Dreien dramatisch abnimmt. Darüber hinaus kann man beweisen, dass dieser Effekt mit wachsender Häufigkeit des Auswählens aus E (wenn man also statt 6000 immer größere Zahlen nimmt) immer ausgeprägter wird. Prozentual immer mehr Tupel liegen in einem prozentual immer engeren Intervall um den Wert „Anzahl Auswahlen durch 6“. Das ist reines Abzählen ohne Zufall, Wahrscheinlichkeiten oder Idealisierungen.

Locker formuliert gilt: „Betrachtet man alle möglichen Ergebnisse beim 6-quadrilliardenfachen Würfeln, dann haben fast alle Ergebnisse die Eigenschaft, dass jede Augenzahl ungefähr 1 Quadrilliarde Mal vorkommt“. Das ist gemeint, wenn man sagt, dass sich die relativen Häufigkeiten der einzelnen Elemente von E beim Wert $\frac{1}{6}$ stabilisieren. Grafische Darstellungen dieses Effekts, dass die Spitze bei $\frac{1}{6}$ liegt und mit wachsendem n immer schmaler wird, findet man z. B. bei Wikipedia[1]. ◀

Auch hier sieht man wieder, dass es nur um Häufigkeiten, also ums Abzählen geht. Die relative Häufigkeit $\frac{1}{6}$ kommt dabei zweimal vor: zum einen vor Durchführung der Versuchsreihe als relative Häufigkeit der 3 in der Menge E und zum anderen nach Durchführung der Versuchsreihe als die relative Häufigkeit der Zahl 3, für die es die meisten Tupel gibt.

Und nun das gleiche Spiel im asymmetrischen Fall.

Beispiel

In einer Urne seien genau 5 Kugeln mit den Beschriftungen o1, o2, u1, u2, u3. Das kann man wieder als Modell für den Wurf einer Reißzwecke interpretieren. Betrachtet man alle möglichen Ergebnisse beim 500-maligen Wurf der Reißzwecke, so gibt es analog zum Würfelbeispiel oben

$$H_n = \binom{500}{n} \cdot 2^n \cdot 3^{500-n}$$

500-Tupel mit n Mal „o“. H_n erreicht das Maximum für $n = 200$, d. h., die 500-Tupel mit 200 „o1“ oder „o2“ sind häufiger als 500-Tupel mit einer anderen Anzahl von „o1“ oder „o2“. Vereinfacht gilt: Fast alle 500-Tupel haben die Eigenschaft, dass ungefähr 200 Mal „o“ und ungefähr 300 Mal „u“ vorkommt. ◀

4.3 Zusammengesetzte Wahrscheinlichkeiten

Zu Beginn des essentials hatten wir die Frage aufgeworfen: Was macht man, wenn man in einer Situation mehrere Wahrscheinlichkeiten für ein Ereignis hat? Das ist schließlich ganz normal!

[1]https://de.wikipedia.org/wiki/Gesetz_der_großen_Zahlen. Zugegriffen: 3. Mai 2020.

So ist beim Lotto einerseits theoretisch keine Zahl benachteiligt und andererseits gibt es Statistiken über die gezogenen Zahlen, die eine eher ungleichmäßige Verteilung zeigen[2].

Auch beim Roulette sollte jede Zahl gleichwahrscheinlich sein, aber auch dort gibt es Statistiken, die sogenannten Permanenzen, die nicht unbedingt ausgeglichen sind. Sind diese Statistiken nur von akademischem Interesse oder sollte man sich beim Spielen auch daran orientieren?

Jetzt zeigt es sich, wie hilfreich die Erkenntnis zu Beginn des essentials war, dass die Wahrscheinlichkeit einfach nur ein Sonderfall einer Bewertung ist, denn bei Bewertungen ist es ganz normal, dass es mehrere Einflussgrößen gibt. Um zu einer Gesamtbewertung zu kommen, wird häufig ein gewichtetes arithmetisches Mittel der Einflussgrößen genommen, wie z. B. beim Test von Büffelmozzarella der Stiftung Warentest in Abschn. 2.1. Das machen wir uns jetzt bei Wahrscheinlichkeiten zunutze, wobei auch hier sowohl exakt messbare oder objektive, als auch eher vage oder subjektive Faktoren einfließen können.

Beispiel

Nehmen wir die scheinbar simple Frage: Wie groß ist die Wahrscheinlichkeit, mit einem Würfel im nächsten Wurf eine 3 zu würfeln? Diese Frage habe ich 2019 dem Publikum bei einem Science Slam gestellt und dabei zwei Szenarien beschrieben.

Szenario 1: Einerseits sehen Würfel, Unterlage, etc. normal aus, also $P_1(\{3\}) = \frac{1}{6}$. Andererseits ist die 3 bei 60 Würfen 12 Mal vorgekommen, also $P_2(\{3\}) = \frac{12}{60} = \frac{1}{5}$. Das Publikum stimmte mit deutlicher Mehrheit dafür, die klassische Wahrscheinlichkeit $\frac{1}{6}$ als Antwort zu nehmen.

Szenario 2: Einerseits sehen Würfel, Unterlage, etc. normal aus, also $P_1(\{3\}) = \frac{1}{6}$. Andererseits ist die 3 bei 6000 Würfen 1200 Mal vorgekommen, also $P_2(\{3\}) = \frac{1200}{6000} = \frac{1}{5}$. Das Publikum stimmte mit deutlicher Mehrheit dafür, die statistische Wahrscheinlichkeit $\frac{1}{5}$ als Antwort zu nehmen.

Dann stellt sich aber sofort die Frage, bei wie vielen Würfen die Wahrscheinlichkeit von $\frac{1}{6}$ zu $\frac{1}{5}$ kippt. Könnte man sagen: Wenn die 3 bei 1500 Würfen 300 Mal vorgekommen ist, dann nehme ich noch die klassische Wahrscheinlichkeit $\frac{1}{6}$, aber wenn die 3 bei 1505 Würfen 301 Mal vorgekommen ist, dann nehme ich die statistische Wahrscheinlichkeit $\frac{1}{5}$? Das wäre offensichtlich

[2]https://www.lotto.de/lotto-6aus49/statistik/ziehungshaeufigkeit. Zugegriffen: 3. Mai 2020.

unsinnig, denn warum sollte das gerade bei 1505 Würfen kippen? Des Rätsels Lösung ist die „Mozzarellamethode", also das gewichtete arithmetische Mittel wie beim Test von Büffelmozzarella.

Im ersten Szenario kann man der Normalität des Würfelns stark vertrauen und daher den Wert $\frac{1}{6}$ mit 90 % gewichten. Dann ist die gesuchte Wahrscheinlichkeit

$$P(\{3\}) = 0{,}9 \cdot P_1(\{3\}) + 0{,}1 \cdot P_2(\{3\}) = 0{,}9 \cdot \frac{1}{6} + 0{,}1 \cdot \frac{1}{5} = 0{,}17$$

Im zweiten Szenario kann man es umgekehrt sehen, also

$$P(\{3\}) = 0{,}1 \cdot P_1(\{3\}) + 0{,}9 \cdot P_2(\{3\}) = 0{,}1 \cdot \frac{1}{6} + 0{,}9 \cdot \frac{1}{5} \approx 0{,}197$$

Es ist plausibel, die statistische Wahrscheinlichkeit mit länger werdender Versuchsreihe immer stärker zu gewichten, solange annähernd konstante Versuchsbedingungen herrschen.

Und wenn man wie viele Spieler auch dem Bauchgefühl vertraut und glaubt, dass man gerade eine Glückssträhne hat, so kann man zusätzlich $P_3(\{3\}) = \frac{7}{10}$ berücksichtigen und erhält im ersten Szenario z. B.

$$\begin{aligned} P(\{3\}) &= 0{,}45 \cdot P_1(\{3\}) + 0{,}05 \cdot P_2(\{3\}) + 0{,}50 \cdot P_3(\{3\}) \\ &= 0{,}45 \cdot \frac{1}{6} + 0{,}05 \cdot \frac{1}{5} + 0{,}50 \cdot \frac{7}{10} = 0{,}435 \end{aligned}$$ ◀

Die so ermittelte Wahrscheinlichkeit P ist nicht eine interpretierte relative Häufigkeit – ganz im Gegensatz zu den Beispielen in Kap. 3.

Im folgenden Beispiel kommen nur statistische Wahrscheinlichkeiten vor.

Beispiel

Zur Wirksamkeit eines Medikamentes wurden mehrere Studien durchgeführt.

In A-land hat das Medikament in 3000 von 4000 Fällen geholfen, in B-land in 30.000 von 38.000 Fällen und in C-land in 12.000 von 18.000 Fällen. Wie groß ist die Wahrscheinlichkeit p, dass das Medikament einem Kranken in D-land hilft?

Es gibt viele Möglichkeiten hier zu einem Ergebnis zu kommen. Wenn man glaubt, dass die Bedingungen in allen Ländern gleich sind, so kann man sie wie ein großes Land auffassen und erhält:

$$p = \frac{3000 + 30000 + 12000}{4000 + 38000 + 18000} = 0{,}75$$

Dazu gleichwertig ist, das gewichtete arithmetische Mittel der relativen Häufigkeiten zu nehmen, wobei die Gewichte den Anteil an den insgesamt 60.000 Patienten repräsentieren:

$$p = \frac{4000}{60000} \cdot \frac{3000}{4000} + \frac{38000}{60000} \cdot \frac{30000}{38000} + \frac{18000}{60000} \cdot \frac{12000}{18000} = 0{,}75$$

Nimmt man aber für die Länder unterschiedliche Bedingungen z. B. bezüglich Professionalität der untersuchenden Institute, Lebensbedingungen der Bevölkerung oder Repräsentativität der ausgewählten Patienten an, so kann man zu anderen Gewichten für die relativen Häufigkeiten und damit auch zu einer anderen Gesamtwahrscheinlichkeit kommen. ◀

Die Gewichtungen in den Beispielen sind zwar halbwegs plausibel, aber natürlich auch etwas willkürlich. Das ist aber kein Nachteil dieser Methode, sondern spiegelt nur wider, dass bewertende Personen die Relevanz der Einflussgrößen unterschiedlich einschätzen können. Niemand weiß doch, ob z. B. der Würfel tatsächlich „normal" ist, schließlich sieht er nur so aus. Und da ist sie wieder, die Beschreibung zu Beginn des essentials, dass Wahrscheinlichkeit nicht etwas Objektives ist, sondern den Grad der Überzeugung oder des Glaubens der bewertenden Person ausdrückt. Und dieser Grad hängt natürlich auch vom Wissen und von den Annahmen ab, die man für plausibel hält.

Im Ergebnis heißt das: Hat man mehrere Wahrscheinlichkeiten für ein Ereignis, so ist es plausibel, das gewichtete arithmetische Mittel dieser Wahrscheinlichkeiten zu bilden. Die Gewichte dürfen nicht negativ sein, müssen summiert 1 ergeben und drücken aus, wie hoch die bewertende Person die Relevanz für die Gesamtwahrscheinlichkeit einschätzt.

Um auch den Segen der Mathematiker für dieses Verfahren zu bekommen, müssen wir noch überprüfen, ob auch die Kolmogoroffschen Axiome erfüllt sind.

Nehmen wir also für die Menge E zwei axiomatische Wahrscheinlichkeiten P_1 und P_2 und wählen Gewichte a und b mit $a, b \geq 0$ und $a + b = 1$ (für mehr als zwei Wahrscheinlichkeiten läuft das ganz analog). Dann ist die Frage, ob auch

$$P = a \cdot P_1 + b \cdot P_2$$

die Axiome erfüllt. Das ist die Kurzschreibweise für

$$P(A) = a \cdot P_1(A) + b \cdot P_2(A).$$

Es gilt

$$P(A) = a \cdot P_1(A) + b \cdot P_2(A) \geq 0,$$

da alle verwendeten Größen größer oder gleich 0 sind, und

$$P(E) = a \cdot P_1(E) + b \cdot P_2(E) = a \cdot 1 + b \cdot 1 = a + b = 1$$

Sind A und B disjunkt, so folgt

$$P(A \cup B) = a \cdot P_1(A \cup B) + b \cdot P_2(A \cup B) = a \cdot (P_1(A) + P_1(B)) + b \cdot (P_2(A) + P_2(B))$$

$$= (a \cdot P_1(A) + b \cdot P_2(A)) + (a \cdot P_1(B) + b \cdot P_2(B)) = P(A) + P(B)$$

Glück gehabt, die Kolmogoroffschen Axiome sind erfüllt. Wir haben somit ein Verfahren, das praktisch plausibel und mathematisch korrekt ist – was will man mehr!

Nun bleibt noch die Frage, wie sich diese Konstruktion auf die bedingte Wahrscheinlichkeit auswirkt. Man könnte ja denken, dass aus

$$P(A) = a \cdot P_1(A) + b \cdot P_2(A)$$

einfach

$$P_B(A) = P(A|B) = a \cdot P_1(A|B) + b \cdot P_2(A|B)$$

folgt.

Überraschenderweise ist das aber nicht so, sondern es ist

$$P(A|B) = \frac{P(A \cap B)}{P(B)} = \frac{a \cdot P_1(A \cap B) + b \cdot P_2(A \cap B)}{P(B)} = a \cdot \frac{P_1(A \cap B)}{P(B)} + b \cdot \frac{P_2(A \cap B)}{P(B)}$$

$$= a \cdot \frac{P_1(B)}{P(B)} \cdot \frac{P_1(A \cap B)}{P_1(B)} + b \cdot \frac{P_2(B)}{P(B)} \cdot \frac{P_2(A \cap B)}{P_2(B)} = a \cdot \frac{P_1(B)}{P(B)} \cdot P_1(A|B) + b \cdot \frac{P_2(B)}{P(B)} \cdot P_2(A|B)$$

Aus den ursprünglichen Gewichten a und b werden somit die Gewichte $a \cdot \frac{P_1(B)}{P(B)}$ und $b \cdot \frac{P_2(B)}{P(B)}$ bei der bedingten Wahrscheinlichkeit.

Offenbar sind die neuen Gewichte auch ≥ 0 und die Summe ist gleich 1:

$$a \cdot \frac{P_1(B)}{P(B)} + b \cdot \frac{P_2(B)}{P(B)} = \frac{a \cdot P_1(B) + b \cdot P_2(B)}{P(B)} = \frac{P(B)}{P(B)} = 1$$

Damit erfüllt auch die zusammengesetzte bedingte Wahrscheinlichkeit P_B die Kolmogoroffschen Axiome.

Beispiel

Beim 60-maligen Würfeln mit einem Würfel gab es folgende Ergebnisse

Tab. 4.2 Augenzahl

Augenzahl	Häufigkeit
1	10
2	11
3	12
4	9
5	12
6	6

P_1 sei die klassische Wahrscheinlichkeit, bei der alle Elementarereignisse die Wahrscheinlichkeit $\frac{1}{6}$ haben, und P_2 sei die statistische Wahrscheinlichkeit auf Basis der Tab. 4.2. Ferner sei

$$P = \frac{9}{10} \cdot P_1 + \frac{1}{10} \cdot P_2$$

Für den 61. Wurf sollen die Wahrscheinlichkeiten für folgende Ereignisse bestimmt werden

$$A = \{3, 6\}$$

$$B = \{3, 4, 5\}$$

$$A \cap B = \{3\}$$

Dann folgt

$$P_1(A) = \frac{2}{6} = \frac{1}{3}; \quad P_1(B) = \frac{3}{6} = \frac{1}{2}; \quad P_1(A \cap B) = \frac{1}{6};$$

$$P_2(A) = \frac{12 + 6}{60} = \frac{3}{10}; \quad P_2(B) = \frac{12 + 9 + 12}{60} = \frac{11}{20}; \quad P_2(A \cap B) = \frac{12}{60} = \frac{1}{5};$$

$$P(A) = \frac{9}{10} \cdot \frac{1}{3} + \frac{1}{10} \cdot \frac{3}{10} = \frac{33}{100}$$

$$P(B) = \frac{9}{10} \cdot \frac{1}{2} + \frac{1}{10} \cdot \frac{11}{20} = \frac{101}{200}$$

$$P(A \cap B) = \frac{9}{10} \cdot \frac{1}{6} + \frac{1}{10} \cdot \frac{1}{5} = \frac{17}{100}$$

Für die bedingten Wahrscheinlichkeiten ergibt sich

$$P_1(A|B) = \frac{P_1(A \cap B)}{P_1(B)} = \frac{1}{3}$$

$$P_2(A|B) = \frac{P_2(A \cap B)}{P_2(B)} = \frac{4}{11}$$

$$P(A|B) = \frac{9}{10} \cdot \frac{P_1(B)}{P(B)} \cdot P_1(A|B) + \frac{1}{10} \cdot \frac{P_2(B)}{P(B)} \cdot P_2(A|B) = \frac{9}{10} \cdot \frac{100}{101} \cdot \frac{1}{3} + \frac{1}{10} \cdot \frac{110}{101} \cdot \frac{4}{11} = \frac{34}{101}$$

Es wurde also aus

$$P(A) = \frac{9}{10} \cdot P_1(A) + \frac{1}{10} \cdot P_2(A)$$

die bedingte Wahrscheinlichkeit

$$P(A|B) = \frac{90}{101} \cdot P_1(A|B) + \frac{11}{101} \cdot P_2(A|B)$$

Für $P(A \cap B)$ folgt

$$P(A \cap B) = P(A|B) \cdot P(B) = \frac{34}{101} \cdot \frac{101}{200} = \frac{17}{100}$$

und das passt zum Ergebnis oben.

Hinweis: Hätte man bei der bedingten Wahrscheinlichkeit dieselben Gewichte wie bei P genommen, so würde folgen

$$\frac{9}{10} \cdot P_1(A|B) + \frac{1}{10} \cdot P_2(A|B) = \frac{9}{10} \cdot \frac{1}{3} + \frac{1}{10} \cdot \frac{4}{11} = \frac{37}{110} \neq \frac{34}{101}$$ ◄

Man sieht also auch an diesem Beispiel, dass die Gewichte beim Übergang von P nach P_B angepasst werden müssen.

Berechnung einer Wahrscheinlichkeit

Wahrscheinlichkeit ist ein Sonderfall einer Bewertung. Analog zu vielen anderen Bewertungen kann man zur Berechnung in folgenden Schritten vorgehen:

1. Beschreibung der zu bewertenden Aussage
2. Bestimmung der für die Bewertung relevanten Einflussgrößen
3. Bewertung der Einflussgrößen durch Zahlen aus dem Intervall [0; 1]
4. Bestimmung der Gewichte der Einflussgrößen
   - die Gewichte drücken aus, für wie relevant die bewertende Person die Einflussgrößen hält
   - die Gewichte erfüllen die Kolmogoroffschen Axiome
5. Die Wahrscheinlichkeit der zu bewertenden Aussage ist dann das gewichtete arithmetische Mittel der Bewertungen der Einflussgrößen

Wenn die Kolmogoroffschen Axiome für alle Einflussgrößen gelten, dann gelten die Axiome auch für das gewichtete arithmetische Mittel. ◀

Zum Schluss noch zwei Anmerkungen:

Im essential wurden die Regeln für Wahrscheinlichkeiten nur für den Fall hergeleitet, dass sie sich auf relative Häufigkeiten zurückführen lassen. Für alle anderen Fälle (wie z. B. das Bauchgefühl beim Würfeln oder die Abstiegswahrscheinlichkeiten von Vereinen) bleibt offen, welche Regeln gelten.

Die im essential angesprochenen Themen sind nach meiner Meinung so grundlegend für das Verständnis der Wahrscheinlichkeit, dass sie bereits in der Schule in adäquater Form behandelt werden sollten.

Was Sie aus diesem *essential* mitnehmen können

- Die Wahrscheinlichkeit in der angewandten Stochastik ist ein Sonderfall der praktischen umgangssprachlichen Wahrscheinlichkeit, die ihrerseits ein Sonderfall für eine Bewertung ist
- Die Kolmogoroffsche Wahrscheinlichkeit hat im Allgemeinen nichts mit der praktischen Wahrscheinlichkeit zu tun
- Bei den üblichen Wahrscheinlichkeitsaufgaben geht es rechnerisch nur um relative Häufigkeiten
- Praktisch gesehen stellt das Gesetz der großen Zahlen eine Beziehung zwischen relativen Häufigkeiten ohne Wahrscheinlichkeiten dar
- Hat man mehrere Wahrscheinlichkeiten für ein Ereignis, so kann man das gewichtete arithmetische Mittel als Gesamtwahrscheinlichkeit nehmen

R. Stegen, *Wahrscheinlichkeit – Mathematische Theorie und praktische Bedeutung*, essentials, https://doi.org/10.1007/978-3-658-30930-5

Literatur

De Finetti, B. (1981). *Wahrscheinlichkeitstheorie*. Wien München: R. Oldenbourg
DIN 1319-1 (1995). *Grundlagen der Messtechnik – Teil 1: Grundbegriffe*. Berlin: Beuth
Hable, R. (2015). *Einführung in die Stochastik*. Berlin Heidelberg: Springer Spektrum
Kahneman, D. (2012). *Schnelles Denken, Langsames Denken*. München: Siedler
Kolmogoroff, A. N. (1933). Grundbegriffe der Wahrscheinlichkeitsrechnung. *Ergebnisse der Mathematik und ihrer Grenzgebiete, 2. Band, Heft 3*. Berlin: Julius Springer
Tetlock, P. E., & Gardner, D. (2016). *Superforecasting*. Frankfurt am Main: S. Fischer

R. Stegen, *Wahrscheinlichkeit – Mathematische Theorie und praktische Bedeutung*, essentials, https://doi.org/10.1007/978-3-658-30930-5

Printed in the United States
By Bookmasters